KB103015

반도체의 미래

'무어의 법칙'을 넘어 무한의 가능성을 찾아서

최종현학술원 과학기술혁신 시리즈 II

반도체의 미래

수재 킹류, 사이프 살라후딘, 최창환, 한재덕

목차

축사

그동안 반도체 산업은 효율성 기반의 국제 분업 체제를 바탕으로 성장해왔습니다. 설계는 미국, 위탁생산은 한국과 대만이 주도하고 있으며, 소재와 장비는 일본, 유럽 등이 주로 공급하였습니다. 또한 시스템 반도체는 미국, 메모리 반도체는 한국이 주로 담당하는데, 생산 공정 중 칩 패키징과 테스트는 중국, 동남아에서도 진행됩니다.

하지만 최근 반도체 산업의 국제 분업 체계가 기술 패권 경쟁과 차량용 반도체 공급 부족 사태에서 드러난 글로벌 밸류체인에 대한 충격 등 새로운 도전에 직면하고 있습니다. 따라서 최근의 갈등과 경쟁으로 반도체 산업 혁신이 후퇴하지 않기 위해 산업계, 학계, 국가 간 상생 기반의 미래지향적 준비와 협업이 필요합니다. 아울러 인력의 양성과 교류, 기술의 융합 등 반도체 생태계의 협력적 발전을 위한 노력도 펼쳐져야합니다.

한편 올해(2021년) 개최된 유엔기후변화협약 당사자총회(COP-26)에서도 확인됐듯이, 기후변화에 대응하기 위한 탄소중립 달성은 산업 전반에서 더욱 절박한 과제가 되었습니다. 그 때문에 ESG(Environmental, Social, and Governance) 경영은 이제 필수가 되었고, 반도체 기술 발전의 주요 어젠다 역시 ESG의 맥락에서 재구성되고 있습니다. 따라서 향후 저전력 반도체 개발, 반도체 신소재 개발, 설계 자동화, 온실가스 저감 장치 도입 등 반도체 기술 혁신과 이를 통한 탄소중립 촉진이라는 사회적 가치 창출을 함께 달성하는 것이 더욱 중요한 과제로 인식되어야 할 것입니다.

이런 맥락에서, 최종현학술원이 반도체 분야 세계적인 석학들의 강연과 토론을 바탕으로 『반도체의 미래』를 출간하게 된 것에 대해 큰 보람을 느낍니다. 이 책을 통해 반도체 기술 혁신을 지속하기 위해 해결해야 할 과제가 무엇인지 살펴보았으면 합니다. 아울러 반도체 기술 발전이 미래 사회를 어떻게 변화시킬지, 새로운 사회적 가치를 창출하기 위해 우리는 어떻게 이 기술을 활용할 수 있을지 모색하는 기회가 되기를 바랍니다.

최종현학술원 이사장·SK회장
최태원

발간사

최종현학술원은 과학기술혁신과 지정학 리스크와 관련된 여러 이슈들을 분석하고 미래 사회의 변화 전망을 논의하는 국제적인 지식 공유 플랫폼으로서 2018년 故 최종현 SK 선대 회장 20주기를 맞아 출범하였습니다. 그동안 학술원은 첨단 과학기술의 현황과 전망, 영향에 대한 세계 석학들의 논의를 국내외에 확산시키기 위해 열 차례 이상 과학혁신 컨퍼런스, 웨비나, 특강을 펼쳐 왔습니다. 또한 2020년에는 『코로나19: 위기·대응·미래』의 출간을 통해 코로나19 대유행의 실체를 분석하고 향후 추이를 전망하면서 적확한 대응 방안을 마련하기 위한 사회적 담론 형성에 기여했습니다.

이번에 출간한 『반도체의 미래』는 2020년 1월 개최된 '제2회 과학혁신 컨퍼런스'와 2021년 4월 개최된 '과학혁신 웨비나: 반도체 기술의 미래'에서 해당 분야 국내외 석학들이 반도체 기술의 현황과 향후 전망에 대해 발표하고 토론한 내용을 엮은 책입니다. 이 책에서는 반도체 미세화의 직면 과제, 생활환경지능 시대의 에너지 효율을 위한 소재 및 공정혁신, 반도체 설계 자동화에 대한 세계 석학들의 통찰력과 비전을 소개하고 있습니다.

이 책을 출간하기 위해 노력해 주신 모든 분들께 진심으로 감사드립니다. 특히 귀중한 강연과 토론을 펼치며 이 책을 저술하는 데 수고해 주신 UC버클리 공대 학장 수재 킹류 교수, UC버클리 사이프 살라후딘 교수, 한양대 최창환 교수, 한재덕 교수 등 공동저자 여러분께 다시 한 번 감사드립니다. '제2회 과학혁신 컨퍼런스'와 '과학혁신 웨비나: 반도체 기술의 미래' 개최에 큰 도움을 주시고, 이 책의 감수를 맡아 주신 성균관대 신창환 교수께도 특별한 감사의 말씀을 드립니다. 아울러『반도체의 미래』를 출간하기 위해 노력한 이음출판사 여러분들과 학술원 과학혁신팀 직원들의 빈틈없는 준비에 감사드립니다.

최종현학술원장
박인국

1

'무어의 법칙' 한계를 넘는
새로운 컴퓨팅 패러다임

A New Paradigm for Advancing Computing
Beyond the Limits of Moore's Law

수재 킹류

Tsu-Jae King Liu

– UC버클리 공과대학장(여성 최초) /
 Roy W. Carlson 석좌교수
– 스탠포드대 전자공학 학사·석사·박사
– 반도체 소자 기술 분야 권위자
– 미국 방위고등연구계획국(DARPA)
 중요기술성취 대상(2000, 핀펫 개발 공로)
– 미국 전기전자학회(IEEE) 펠로우
– 미국 국립발명가아카데미(NAI) 펠로우
– 미국 국립공학아카데미(NAE) 회원
– 인텔 이사

지난 50년 동안 정보통신 기술의 급속한 발전은 우리 사회에 많은 기여를 했습니다. 반도체를 기반으로 한 이러한 기술 발전은 사실상 '무어의 법칙(Moore's Law)'이 주도해왔죠. 그런데 무어의 법칙이 이제 한계에 도달했다는 이야기가 들립니다.

이 장에서는 반도체 집적회로(IC, integrated circuit)에 대한 기본 지식을 소개하고, 지금까지 반도체 기술이 무어의 법칙을 따라 어떻게 발전했는지, 그 과정에서 무어의 법칙에는 왜 근본적인 한계가 있는지 살펴보겠습니다. 이를 바탕으로 미래의 반도체 기술이 나아갈 방향과, 혁신을 지속하기 위해 필요한 새로운 패러다임도 전망해보고자 합니다.

'무어의 법칙' 반도체 업계의 경제법칙

인텔의 공동설립자 고든 무어(Gordon Moore)는 1965년 논문 하나를 발표합니다. 여기서 그는 소자(component) 제조 비용이 집적회로 칩 내에 들어있는 소자의 총 개수와 어떤 관계가 있는지를 함수로 표현했죠. 이것이 훗날 그 유명한 '무어의 법칙'이 됩니다(그림 1-1).

집적회로에는 많은 '스위치'가 있는데, 그것들을 트랜지스터라고 부릅니다. 트랜지스터의 물리적 크기가 작을수록 하나의 칩 안에 더 많은 트랜지스터를 집어넣을 수 있겠죠. 그런데 트랜지스터를 너무 많이 집적하려고 하면 여러 가지 기술적인 문제가 생깁니다. 트랜지스터 하나하나의 크기가 너무

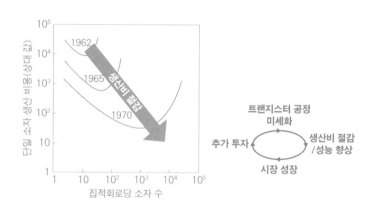

그림 1-1   무어의 법칙: 반도체 집적의 경제적 효과

작아지거나 서로 다닥다닥 붙으면, 제조 공정에서 칩의 수율이 떨어지고 생산 비용도 상승하게 됩니다. 이 부분은 제조 공정의 정밀도를 높이는 방법으로 극복해 왔고, 결과적으로 시간이 지날수록 트랜지스터 하나를 제조하는 데 들어가는 비용은 꾸준히 감소하는 경향을 보였습니다. 트랜지스터뿐 아니라 집적회로 칩에 들어가는 다른 종류의 소자들도 마찬가지입니다.

무어의 법칙은 경제 법칙이기도 합니다. 반도체 산업에서도 결국 제조 비용을 최소화하는 것이 관건이기 때문입니다. 회로에 더 많은 트랜지스터를 집적할수록 칩의 기능이 향상되고, 기능 대비 비용이 줄어들면서 새로운 전자제품을 설계할 만한 여건이 갖춰집니다. 새로운 제품의 탄생은 시장의 성장으로 이어지죠. 그러면 반도체 기업은 수익을 다시 투자하여 또다른 기술을 개발하고, 트랜지스터의 집적도가 더욱 높아지는 선순환이 일어납니다.

1천억 개의 컴퓨팅 기기를
감당할 '에너지 효율'

지난 50년 동안 2년마다 차세대 집적기술이 등장하면서 칩 내의 트랜지스터 개수를 두 배씩 늘렸습니다. 2년마다 두 배, 그렇게 무려 50년이니 집적회로 칩 하나에 들어가는 트랜지스터

총 개수는 그야말로 기하급수적으로 증가했습니다. 오늘날 손톱만한 첨단 반도체 하나에는 200억 개가 넘는 트랜지스터가 집적되어 있습니다.

요즘 트랜지스터는 나노미터(nm, 10^{-9}m) 단위로 만들어집니다. 제조기술의 발전이 가져온 놀라운 성과이지요. 이제 사람들은 반도체 하나를 기준으로 트랜지스터가 몇 개 들어가는지 별로 따지지 않는 것 같습니다. 그보다는 이 세상 전체에 컴퓨팅 기기가 몇 개나 있는지, 그로부터 우리가 얼마나 혜택을 보는지, 이런 게 더 궁금할 수 있습니다.

그림 1-2는 컴퓨팅 기기의 수가 시대에 따라 얼마만큼 기하급수로 증가했는지 보여줍니다. 1960년대 초반에는 방 하나를 가득 채우는 초대형 메인프레임 컴퓨터가 있었지만, 오

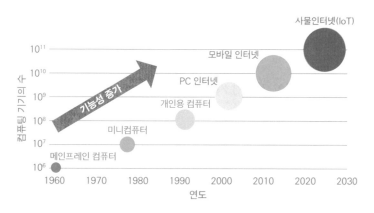

그림 1-2　세상을 바꿔온 '무어의 법칙'

늘날에는 인터넷에 무선으로 연결되는 스마트폰이 있죠. 트랜지스터를 포함하여 반도체에 집적할 수 있는 소자의 수가 지속적으로 증가하면서, 컴퓨팅 기기의 성능이 향상되고 새로운 시장이 열렸습니다. 그림 1-2에서 동그라미 크기는 각 기기의 성능에 비례하는데, 시대에 따라 획기적으로 향상되었음을 알 수 있죠. 요즘 스마트폰의 연산 능력이 과거 메인프레임 컴퓨터보다 훨씬 뛰어납니다.

향후 10년 내에 컴퓨팅 기기의 수는 전 세계 인구 수를 능가할 것입니다. 전 이런 추세로 가면, 조만간 1천억 개를 돌파하여 20년 안에는 1조 개가 넘을 것으로 보입니다. 흔히 말하는 사물 인터넷(IoT, internet of things) 시대가 도래하는 것이지요. 우리가 접촉하는 모든 물체가 주변 환경과 상호작용하는 컴퓨팅 기능을 갖게 될 것이고, 또 상당수가 인간의 개입 없이 자율적으로 작동할 겁니다.

사물 인터넷에서 '지능'에 해당하는 부분도 갈수록 클라우드 '말단(edge)'으로 옮겨가겠죠. 요즘에는 클라우드 연결만 있으면, 사무실에서나 집에서나 고성능 컴퓨팅 작업을 수행할 수 있습니다. 온도나 조명을 제어하는 가정용 기기들도 스마트해지고 있죠. 일부 전문가들은 우리가 착용하는 옷이나 보석, 시계, 심지어 우리 몸 속에도 컴퓨팅 소자가 들어가게 될 거라고 전망하기도 합니다.

그런데 컴퓨팅 기술의 잠재력을 실현하기 위해서는 소자

의 성능도 중요하지만 에너지 효율도 지속적으로 개선해야 합니다. 다르게 표현하면, 탄소 발자국(carbon footprint)을 최소화하려는 노력이 필요합니다. 최근 연구에 따르면 인공지능(AI, artificial intelligence) 모델 하나를 단지 훈련만 시키는 단계에서도, 자동차 여섯 대를 1년 동안 운행하는 만큼의 탄소가 배출된다고 합니다. AI라는 첨단 기술의 혜택을 누리려면 엄청난 전기가 들어간다는 말입니다. 앞으로 사회 전반에 AI 사용이 더욱 확대할 것임을 감안하면, 컴퓨팅 소자의 에너지 효율을 반드시 높여야 하겠지요.

반도체 시스템 설계의 분업 구조

반도체는 수십억 개의 트랜지스터가 들어있는 복잡한 시스템인데, 과연 어떤 과정으로 설계할까요?

그림 1-3은 오늘날 컴퓨터 시스템 설계의 분업 구조를 보여줍니다. 지난 50년 동안 반도체 업계는 철저히 분업화된 방식으로 움직여왔습니다. 소재 발굴, 트랜지스터 설계, 회로 설계, 컴퓨팅 아키텍처 설계, 소프트웨어 개발 등 각 분야의 전문가들이 서로의 일에 깊이 관여하지 않고 고유 역할에 집중하는 것이지요. 공동설계(co-design)라는 것이 있긴 하지만, 이를 위해서도 전체 구조 안에서 아주 가까운 단계에 있는 사람들

그림 1-3   반도체 설계와 제작의 분업 구조

끼리만 제한적으로 교류합니다.

'무어의 법칙'을 따라 트랜지스터의 성능이 개선되면, 아키텍처와 알고리즘 설계자는 이러한 점진적인 발전에 의존하면 됐습니다. 최근 들어 산업계에서는 국제 기술 로드맵을 작성하여, 몇 년도에 트랜지스터가 이만큼 작아지고 칩 하나에 트랜지스터가 몇 개까지 집적될지 예측하기 시작했습니다. 아키텍처나 소프트웨어 설계자들은 그 예측에 따라, 새로운 제품이 나와야 하는 목표 시점에 맞춰 설계 계획을 세웁니다. 마치 AI 학습을 연상시키는 이러한 분업 구조 덕분에, 반도체가 아무리 수십억 개의 부품을 가진 복잡한 시스템이라고 해도 해마다 신제품이 성공적으로 출시될 수 있었던 겁니다.

이렇게 보면 반도체 업계의 분업 구조가 신제품 개발의 효율성을 높여왔던 것만은 분명합니다. 하지만 앞으로는 바로 이런 경직된 구조가 더 큰 혁신을 저해할 수도 있습니다. 왜 이런 우려를 하는 것인지 지금부터 설명해보겠습니다.

트랜지스터의 스위치 성능과
에너지 효율 사이의 '근본적 상충'

무어의 법칙이 갖는 한계를 설명하기에 앞서 트랜지스터가 어떻게 작동하는지 살펴보겠습니다. 다른 종류의 트랜지스터도 있지만, 여기서는 금속산화물 반도체 전계효과 트랜지스터 (MOSFET, metal-oxide-semiconductor field-effect transistor)를 기준으로 말하겠습니다.

모스펫에는 소스(source), 드레인(drain), 게이트(gate)로 불리는 세 개의 단자 혹은 전극이 있습니다(그림 1-4). 소스와 드레인 사이에는 전류가 흐르는데, 이 전류는 게이트 전극에 걸리는 전압에 의해 조절됩니다. 게이트 자체는 금속이지만, 얇은 산화물 층으로 인해 반도체 표면으로부터 절연되어 있습니다. 그래서 이런 구조를 '금속산화물 반도체(MOS, metal-oxide-semiconductor)'라 부릅니다. 오늘날 가장 정교한 모스펫의 게

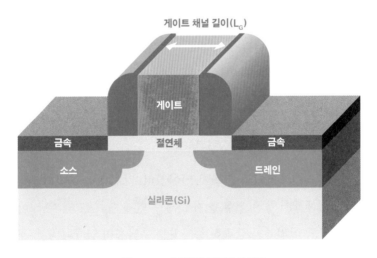

그림 1-4 모스펫(MOSFET)의 구조

이트 채널 길이(gate length, L_G)는 10nm에 다가가고 있습니다.

게이트에 문턱전압(V_th, threshold voltage) 이상의 전압을 가하면 전기장이 형성되어, 소스와 드레인 사이에 전류가 흐릅니다. 이 때를 트랜지스터가 켜진(on) 상태라고 말합니다. 반대로 게이트 전압이 문턱전압보다 낮으면, 전류가 흐르지 않는 꺼진(off) 상태가 됩니다. 이렇게 문턱전압을 기준으로 트랜지스터는 집적회로 내에서 디지털 스위치 역할을 합니다. 그런데 꺼진 상태에서도 소스와 드레인 사이 전류는 완벽히 0이 되지 않습니다. 기하급수적으로 0에 가까워질 뿐이죠. 게이트 전압이 0V일 때에도 소스와 드레인 사이에 누설전류(leakage current)가 흐르고 있습니다.

집적회로에 공급되는 전압을 구동전압(V_DD, voltage drain drain)이라 부르는데, 이 값은 회로 내에 공급할 수 있는 전압의 최대치이기도 합니다. 트랜지스터가 켜진 상태에서 얼마나 많은 전류를 전도할 수 있는지는 바로 구동전압에 의해 결정됩니다. 반도체가 소모하는 전력을 줄이려면 최대한 낮은 전압으로 작동시켜야 하겠죠. 즉, 구동전압을 낮춰야 합니다. 그런데 구동전압을 줄이면 켜진 상태의 전류도 줄어들어, 트랜지스터의 스위치로서의 기능이 떨어집니다. 반대로 문턱전압을 낮게 설계해서 높은 전류를 전도할 수 있게 할 수도 있지만, 이럴 경우 누설전류가 급격히 증가하는 부작용이 있습니다.

트랜지스터의 스위치 성능을 위해서는 켜진 상태에서 많

은 전류를 전도하게 만들어야 하지만, 전력 소모량을 고려하면 무작정 그럴 수 없는 노릇이지요. 이처럼 트랜지스터 성능과 에너지 효율은 근본적으로 상충 관계입니다.

시모스(CMOS) 반도체 기술이란 무엇인가?

사실 트랜지스터는 집적회로 내에서 단순히 온(on)/오프(off) 스위치로만 쓰이는 게 아닙니다. 이제 시모스(CMOS, complementary MOS)라는 기술을 통해, 트랜지스터가 신호를 어떻게 증폭시키는지, 여러 가지 입력값을 종합하여 하나의 출력값을 어떻게 산출하는지 알아보겠습니다.

오늘날 컴퓨터가 다루는 정보는 0 또는 1의 디지털 신호입니다. 반도체 칩에 이런 숫자가 써 있을 리는 없고, 전기적으로 어떤 과정을 거쳐 0 또는 1에 해당하는 정보가 생성되는 것일까요?

트랜지스터는 채널 유형에 따라 N과 P 두 가지로 구분합니다(그림 1-5 위쪽). N채널 트랜지스터가 켜진 상태가 되려면 게이트에 양(positive)의 전압이 필요합니다. 게이트 전압이 소스 전압(일반적으로 0V)보다 커야 하죠. 반대로 P채널 트랜지스터는 게이트에 음(negative)의 전압이 걸릴 때, 즉 게이트 전압이 소스 전압(일반적으로 0V)보다 낮아야 켜진 상태가 됩니다.

N채널과 P채널 트랜지스터가 상보적인 쌍으로 작동하도록 회로를 설계한 것이 상보형(complementary) 반도체, 즉 CMOS입니다.

가장 단순한 형태의 CMOS 회로를 예로 들어보겠습니다(그림 1-5 아래쪽). N채널의 소스는 가장 낮은 전위에, P채널의 소스는 가장 높은 전위에 있습니다. 그리고 두 채널의 게이트가 연결되어 있죠. 만약 입력전압(V_{IN})이 0V이라고 가정해 보면(그림 1-5 아래 왼쪽), N채널은 게이트에 전압이 가해지지 않아 꺼진 상태가, 동시에 P채널은 게이트 전압이 소스 전압보다 낮기 때문에 켜진 상태가 됩니다. P채널이 출력단과 V_{DD}를 연결하므로, 입력전압은 0V이지만 출력전압(V_{OUT})은 V_{DD}, 즉 양의 값을 가집니다. 반대로 입력전압을 높이면(그림 1-5 아래 오른쪽), N채널은 켜진 상태, P채널은 꺼진 상태가, 출력단은 접지되어 있으므로 출력전압(V_{OUT})은 0V가 됩니다. 결과적으로 입력값이 높으면 출력값이 낮고, 입력값이 낮으면 출력값이 높아졌습니다. 신호의 변환이 일어난 것이지요. 이런 의미에서 CMOS를 변환기(inverter)로 볼 수 있습니다. 또한, 이 때 트랜지스터가 전도하는 전류량이 많을수록 회로 작동이 빨라집니다. 켜진 상태 전류를 높게 만들려는 이유가 바로 여기에 있습니다.

실제로 컴퓨터에 들어 있는 반도체는 훨씬 복잡한 기능을 갖습니다. 한 가지 예로 '낸드(NAND, Not AND)'라 불리는 논리

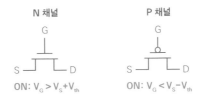

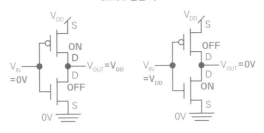

그림 1-5　시모스(CMOS)의 신호 변환 원리

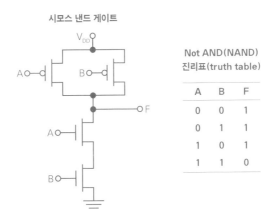

그림 1-6　낸드(NAND) 논리 회로

회로를 살펴보겠습니다(그림 1-6). 낸드(NAND) 회로에서는, A와 B 두 개의 입력전압이 모두 높을 때에만 N채널 트랜지스터가 켜진 상태가 되어 출력전압이 낮아집니다. 만약 A나 B 둘 중 하나라도 입력전압이 낮다면, 출력전압은 높아집니다. 이것을 디지털 신호로 말하면, 높은 전압은 1을, 낮은 전압은 0을 의미합니다.

그런데 앞서 설명했듯이, 트랜지스터는 꺼진 상태에서도 누설전류를 가집니다. 누설전류가 있는 한, 아무런 연산을 수행하지 않는 반도체에도 전류는 흐르고, 그만큼 전력이 낭비됩니다. 바로 이것이 CMOS 기술의 근본적인 문제입니다. 공급 전압을 낮춰서 소비 전력을 절감할 수는 있지만, 회로가 느리게 작동하기 때문에 연산이 끝나는 데 시간이 더 필요하고, 결과적으로 정적(static) 전력 소모는 더 커집니다.

근본적으로 반도체 회로가 연산 기능을 수행하는 데 필요한 총전력을 계산하려면, 스위칭 전력(동적 소모 전력)과 누설 전력(정적 소모 전력)을 모두 더해야 합니다. 최소 소모 전력이 존재하기 때문에, 그 이상으로 에너지 효율을 높일 수 없습니다.

3D 기술: 핀펫(FinFET)과
낸드 플래시 메모리

핀펫(fin-shaped FET, FinFET)은 20여년 전 UC버클리에서 최초로 개발한 트랜지스터입니다(그림 1-7). 실리콘 구조물 모양이 마치 상어 지느러미(fin)처럼 생겨서 붙여진 이름이죠. 실리콘 핀의 폭이 게이트 길이보다 작을 경우 전류를 제어하기 쉽기 때문에, 트랜지스터의 스위칭 성능이 좋아집니다. 낮은 전압을 걸어주어도, 매우 높은 켜진 상태 전류를 발생시킨다는 것이 핀펫의 강점입니다. 그래서 핀펫을 사용하면, 반도체 집적회로의 에너지 효율을 높일 수 있죠. 시장에서는 인텔이 처음

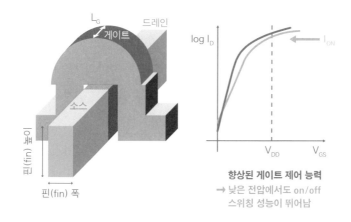

그림 1-7   핀펫(FinFET): 3D 구조의 트랜지스터

양산하기 시작했고, 오늘날 첨단 반도체 대부분에 쓰이고 있습니다.

핀펫은 트랜지스터 자체가 3차원(3D) 구조를 하고 있는데, 요즘 반도체 업계에서는 다른 차원의 '3D'도 주목받고 있습니다. 핀펫이 소자 수준에서 3D를 구현한 것이라면, '3D 집적(3D integration)'은 패키징(packaging) 수준에서 반도체 칩을 위아래로 쌓고 서로 연결하여 컴퓨팅 시스템의 기능성을 강화하는 방법입니다. 칩 단위가 아니라, 소자끼리 쌓는 방법도 있습니다. 3D 집적 낸드 플래시 메모리 기술을 예로 살펴보겠습니다. 이 기술은 트랜지스터를 여러 층으로 쌓아서 반도체 집적회로 면적당 트랜지스터 수를 늘리는 방식입니다. 이런 전략이 가능한 이유는 실리콘이라는 소재가 수직 방향으로 정렬되어 있으면서 다결정질(polycrystalline)이기 때문입니다. 그리고 한 번의 공정으로 모든 트랜지스터 층의 게이트를 한꺼번에 형성할 수 있기 때문에 비용 측면에서도 효율적입니다. 집적도를 높이기 위해 트랜지스터 하나하나의 크기를 줄이는 게 아니라, 위로 쌓는 게 핵심입니다. 물론 트랜지스터의 물리적 크기가 작아야 높게 쌓을 수 있지만, 거기에 더하여 식각(etching) 공정의 깊이도 매우 중요합니다. 식각 깊이가 깊을수록 더 높게 쌓인 트랜지스터들을 제조해 낼 수 있기 때문이죠. 그래서 3D 집적 낸드 플래시 메모리의 개발은 매우 놀라운 기술적 성취라고 할 수 있습니다.

근본적 에너지 효율의 한계를 넘어서

'커즈와일의 법칙(Kurzweil's Law)'이란 게 있습니다(그림 1-8). 미래의 기술 발전 속도가 과거의 그것보다 빨라 기술의 성장이 기하급수적으로 일어난다는 법칙인데, 반도체 분야에도 적용됩니다. 달러당 컴퓨터의 초당 연산 수를 계산하면, 같은 가격으로 얼마나 많은 연산력을 얻을 수 있는지 알 수 있죠. 1900년부터 2015년까지 약 120년에 걸쳐 컴퓨터의 달러당 연산 능력은 기하급수적으로 발전했습니다. 재미있는 점은, 그 값을 가지고 컴퓨터와 사람 두뇌의 연산 능력을 비교할 수도 있다는 겁니다. 그림 1-8의 오른쪽 위에서 보듯이, 언젠가 컴퓨터의 연산 능력이 인간 두뇌를 능가할지도 모릅니다.

한 가지 강조할 점은, 이 혁신의 배경에 스위칭 소자(switching device)의 진화가 있었다는 사실입니다. 기계식(mechanical) 스위치부터 계전기(relay), 진공관(vacuum tube), 그리고 트랜지스터와 집적회로에 이르기까지, 시대에 따라 많은 변화를 거쳤죠. 이런 관점에서 보면, 오늘날의 반도체 칩이 직면한 에너지 효율 문제의 돌파구는 새로운 스위치 개발에서 찾아야 할지도 모릅니다.

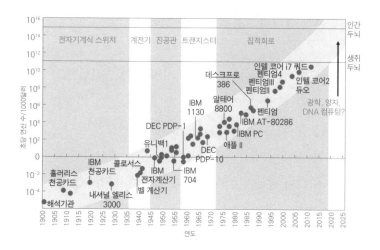

그림 1-8　커즈와일의 법칙

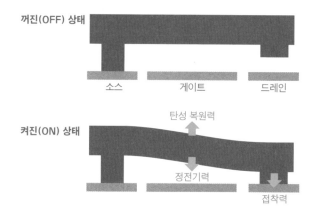

그림 1-9　나노전자기계(NEM) 스위치의 구조

　　　　　반도체의 미래

스위칭 소자의 역발상:
나노전자기계(NEM) 스위치

우리 연구팀은 '기계(mechanical) 스위치'로 다시 돌아가봤습니다. 단, 집적회로를 만드는 것과 동일한 공정으로 아주 작고 정밀한 기계 스위치를 만드는 것이죠. 1900년대의 기계 스위치는 너무 크고, 느리고, 에너지 효율이 낮고, 신뢰성도 떨어졌습니다. 그런데 기계 스위치를 현재의 트랜지스터만큼 작게 만들자 신뢰성이 훨씬 높아졌습니다. 정말 흥미로운 사실이죠.

그림 1-9에 나노전자기계(NEM, nano-electro-mechanical) 스위치의 구조를 표현했습니다. 이 스위치의 특징은, 소스와 드레인 사이에 의도적으로 만들어 놓은 에어갭(air gap)이 누설전류를 완전히 차단한다는 것입니다. CMOS 기술의 근본적인 에너지 효율 한계가 바로 누설전류 때문이라는 것을 기억하실 겁니다. 기계 스위치에는 그런 문제가 없습니다.

트랜지스터의 작동 방식과 비슷하게, 게이트에 전압이 가해지면 전기장이 유도되는데, 이때 발생하는 정전기력에 의해 전극이 드레인과 접촉합니다. 접촉이 되면 전류가 흐르기 시작하죠. 오늘날 트랜지스터는 켜진(on) 상태가 되기 위해 필요한 최소 전압이 0.5V입니다. 이에 비해 NEM 스위치는 50mV면 켜집니다. 트랜지스터와 비교하면, 스위치를 켜는 데 들어가는 전압이 10분의 1 수준으로 낮아지는 것입니다. 게이트에 걸린 전압을 제거하면, 기계 구조물의 탄성 복원력으로 인해 접촉이 끊어집니다.

여기서 극복해야 할 문제들도 있습니다. 게이트와 드레인 두 소재가 접촉할 때 접착력이 발생하는데, 이로 인해 스위치가 꺼질 때의 전압이 켜질 때의 전압에서 조금 달라집니다. NEM 스위치의 또 다른 단점은 트랜지스터보다 스위칭 속도가 느리다는 겁니다. 기계적인 움직임으로 작동하기 때문에 스위칭에 10나노(nano, 10^{-9}) 초 정도 걸리는데, 기존 트랜지스터는 수 피코(pico, 10^{-12}) 초 만에 스위칭이 가능합니다. 이를 보완하기 위한 새로운 아키텍처가 필요한 대목이죠.

NEM 스위치는 트랜지스터보다 전압이 적게 들어가고 누설전류도 없다는 점에서, 에너지 효율을 높이는 차세대 스위치로서 기대를 모으고 있습니다. 특히, 현재 양산되는 모든 비휘발성(non-volatile) 메모리 스위치들은 기계 스위치보다 에너지 효율이 매우 낮습니다. 따라서 비휘발성 메모리야말로 NEM 스위치 기술을 활용하기에 가장 적합한 분야라고 생각합니다. 또한, 에어갭 공정 등은 이미 CMOS를 만들 때에도 널리 쓰였기 때문에, NEM 스위치 공정을 구현하기 위한 제조상의 노하우도 충분히 있는 상태입니다.

나아가서 CMOS와 NEM 스위치를 결합하면, 즉 트랜지스터와 기계 스위치를 함께 사용하면, 원하는 정보를 행렬 형태로 저장할 수 있습니다. 우리는 이러한 정보 저장 방식을 활용하면 기존 DRAM(dynamic random-access memory) 칩과 비교했을 때, 훨씬 적은 시간과 적은 에너지를 소비하면서 정보를 탐색할 수 있다는 것을 실험을 통해서 확인했습니다.

새로운 반도체 인코딩: 진동 신호

반도체에 정보를 저장하는 방식도 달라질 수 있습니다.

UC버클리의 로이차우더리(Roychowdhury) 교수는 10년 넘게, 전압 대신 위상(phase)을 사용하여 정보를 저장하는 방식을 연구해왔습니다. CMOS가 전압 정보를 0과 1의 형태로 저장하는 것과 달리, 진동 신호(oscillating signal)의 위상을 이용하는 겁니다. 즉, 입력 신호의 위상이 기준 신호의 위상과 일치하는지(in-phase), 어긋나는지(out-of-phase)를 비교하여 해당 정보를 인코딩(encoding)할 수 있습니다. 이러한 새로운 인코딩 방식은 훨씬 빠르고, 에너지 효율도 높은 장점이 있습니다.

앞서 소개한 NEM 스위치도 진동 신호를 생성하는 발진기(oscillator) 역할을 할 수 있습니다. 크기가 매우 작은 발진기입니다. 게이트에 전압을 가하면 게이트와 소스 사이의 정전기력에 의해 소스가 움직여 드레인과 접촉합니다. 그런데 의도적으로 게이트 전압을 구동전압보다 낮추고 드레인에 전압을 가하면, 역시 작은 정전기력이 발생해 드레인이 소스와 접촉하고 게이트가 켜진 상태로 전환합니다. 이 때 전압은 V_{DC}(voltage of direct current)에서 시작해서 0V으로 내려가죠. 그리고 전압이 0V이 되는 순간 정전기력이 사라져 스위치가 다시 꺼진 상태가 됩니다. 결국 직류(direct current) 전압을 공급하기만 하면 자동적으로 커지고 꺼지기를 반복하면서 출력값이 진동하는 겁니다. 이 간단한 원리를 응용하면, 기존 방식과는 차별화된 새로운 컴퓨팅 아키텍처를 구현할 수 있겠지요.

새로운 패러다임:
분업 구조를 넘어선 혁신적 공동설계

이 장에서 소개한 연구 사례들은 기존의 분업 구조(그림 1-3)를 따르지 않습니다. 새롭게 개발한 소자와 공정을 특정 알고리즘 및 아키텍처에 바로 적용했죠. 혁신을 위해서는 분업보다는 공동설계(co-design) 전략이 필요합니다. 알고리즘을 설계할 때에도 소자와, 그 소자를 구현할 첨단 소재의 특성을 종합적으로 고려해야 합니다.

오늘날에는 AI 전용 TPU(tensor processing unit), 그래픽용 GPU(graphics processing unit) 등 전문화된 프로세서가 갈수록 많아지고 있습니다. 앞으로는 소재, 트랜지스터 또는 스위치, 회로, 아키텍처가 모두 특정 애플리케이션에 맞춰 유기적으로 최적화되어야 할 것입니다.

　이것이 트랜지스터의 물리적 크기를 줄이는 것보다 더 중요한 새로운 패러다임입니다. 모든 분야를 아우르는 공동설계를 통해서만, 성능과 에너지 효율 두 마리 토끼를 잡을 수 있는 극적인 혁신이 가능할 것입니다. 여기에 보다 발전한 기술로 사회적 가치를 증진시키고자 하는 모두의 목표까지 더해지면, 다가올 반도체의 미래도 매우 밝을 것입니다.

2

초박막 강유전체 활용 소자: 에너지 효율을 향하여

Ultrathin Ferroelectrics on Silicon and its Application for Energy Efficient Logic and Memory Devices

사이프
살라후딘

Sayeef Salahuddin

- UC버클리 전자·컴퓨터공학과 TSMC 석좌교수
- 방글라데시 공과대학(BUET) 학사,
  퍼듀대 전자·컴퓨터공학 박사
- 미국 젊은 과학자·기술자 대통령상(2013, PECASE)
- 미국 전기전자학회(IEEE) *Electron Device Letters* 저널
  편집위원(2013-2016)
- 미국 전기전자학회(IEEE) 펠로우
- 미국 물리학회(APS) 펠로우
- UC버클리 소자 모델링 센터 공동이사

인공지능(AI)은 오늘날의 컴퓨터 워크로드 중 가장 큰 비중을 차지합니다. 그만큼 컴퓨터가 AI 기술에 많이 의존하고 있다는 뜻이지요. 역사를 돌이켜 보면 무엇이 지금 우리가 누리고 있는 AI 혁신을 가능케 했는지 답이 나옵니다.

2012년 9월 알렉스넷(AlexNet)이라는 딥러닝(deep learning) 기술이 이미지 인식 대회 ILSVRC(ImageNet Large-Scale Visual Recognition Challenge)에서 'Top 5 오류율' 15.3%를 달성했습니다. 'Top 5 오류율'이란 어떤 문제에 대해 모델이 내놓은 최상위의 답 다섯 개 중에서 정답이 없는 경우의 비율을 말하는데, 15.3%라는 수치는 그 당시 기준으로 엄청난 성과였습니다. 알렉스넷의 딥러닝 혁신 비결은 바로 그래픽처리장치(GPU, graphics processing unit)였습니다. 하드웨어의 발전이 결국 대규모 AI 모델 문제를 푸는 열쇠가 된 것입니다. 엔

비디아(NVIDIA)의 볼타(Volta)는 210억 개의 트랜지스터를 가지고 있는 GPU인데, UC버클리에서 개발한 핀펫(FinFET) 기술이 녹아 있습니다. 집적회로(IC, integrated circuit) 칩의 트랜지스터 밀도와 SRAM(static random-access memory) 비트 밀도는 하드웨어 발전을 가늠하는 대표적인 지표입니다. 모두 지난 50년 동안 기하급수적으로 증가해왔죠. 이 덕분에 오늘날의 컴퓨팅 혁명이 가능했던 것입니다.

AMD(Advanced Micro Devices)의 CEO 리사 수(Lisa Su)는 지난 10년간 컴퓨팅 성능 향상의 50% 이상은 하드웨어 공정 부문에서 이뤄졌다고 말한 바 있습니다. 그만큼 하드웨어 개선이 컴퓨팅 혁신에 매우 중요한 요소라는 뜻이죠. 이는 소재와 소자 분야 종사자들이 끊임없이 혁신을 추구할 만한 동기를 부여해줍니다.

강유전체, 가까이하기엔 너무 두꺼운…

우리 연구팀은 UC버클리에서 강유전체(ferroelectrics)를 기능성 소재로 활용할 방법을 연구 중입니다. 강유전체의 성질을 이용하여 반도체 소자에 새로운 기능을 추가하는 것이지요. '강유전체'란 영구 쌍극자(permanent dipole)를 가지고 있어서 외부 전기장이 없을 때에도 스스로 분극(polarization)하는 성질이 있습니다. 모든 전기 쌍극자 모멘트가 위 또는 아래를 향하는 두 가지 분극 상태를 가질 수 있는데, 전압을 가해 이 분극 상태를 전환할 수 있습니다.

강유전체를 어떤 소자에 활용할 수 있을지 최근 활발한 논의가 이루어지고 있습니다. 우리 연구팀은 특히 네거티브 커패시턴스 펫(NCFET, negative-capacitance FET)에 주목하고 있는데, 이 기술을 적용하면 트랜지스터의 구동전압을 낮춰 에너지 효율을 높일 수 있습니다. 강유전체를 트랜지스터 게이트 위에 놓고 쌍극자 상태를 메모리 정보로 이용하거나, 뉴로모픽(neuromorphic) 반도체에 접목하는 등 학계에서는 다양한 응용 가능성을 시험하고 있습니다.

그러나 강유전체를 첨단 소자에 적용하기 위해서는 큰 난관을 극복해야 합니다. 기술이 발전할수록 소자와 소자 사이의 간격은 계속 좁혀지는데, 그 간격을 가늠할 수 있는 수치가 핀 피치(fin pitch)입니다. 2세대 핀펫 트랜지스터의 경우 핀 피치가 43nm 수준이었지만, 현재 기술 발전 속도로는 3nm까지도 바라볼 수 있습니다. 핀 사이의 공간에는 게이트 쌍극자, 일함수 금속, 게이트 금속 등이 들어가야 하는데, 핀 사이가 가까울수록 소재를 넣을 공간이 그만큼 줄어듭니다. 반도체 업계 관계자에 따르면 2nm 게이트 쌍극자조차 들어가기 힘들다고 합니다. 즉 강유전체 소재를 첨단 트랜지스터에 적용할 때, 2nm가 넘는 공간은 할애할 수 없다는 뜻입니다.

우리가 강유전체를 알게 된 지는 100년도 넘었습니다. 2020년에 강유전체 발견 100주년을 기념하기도 했죠. 이 오랜 역사 동안 우리가 알아낸 사실 중 하나는 기존의 방법으로는 강유전체를 아주 얇게 만들 수가 없다는 것입니다.

그림 2-1은 대표적인 페로브스카이트(perovskite) 구조 기반 강유전체의 정방성(tetragonality)을 두께에 따른 함수로 나타낸 것입니다. 여기서 정방성은 강유전성을 측정값으로 표현한 하나의 지표로 생각하면 됩니다. 20nm 이하 두께에서는 강유전성이 약해져서, 5nm 밑에서는 강유전성을 거의 상실합니다. 첨단 소자 재료로 강유전체를 사용하기 위해서는 2nm 이하의 두께가 필요한데, 이 페로브스카이트는 그런 목적에 적합하지 않은 것이죠. 따라서 강유전성을 유지하면서 얇은 두께로 가공할 수 있는 새로운 강유전체 소재가 필요합니다.

초박막 강유전체 신소재를 찾아서

도핑(doping: 반도체에 불순물을 첨가하여 전기 전도도를 높이는 방법)된 이산화하프늄(HfO2)도 강유전체가 될 수 있다고 알려져 있는데, 이 소재는 실리콘 트랜지스터와 공정 호환성이 높습니다. 우리는 이산화하프늄을 강유전체로서 얼마나 얇게 만들 수 있을지 실험한 결과, 1nm 두께로도 강유전성을 유지한다

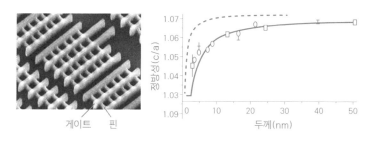

그림 2-1 두께에 따른 강유전체의 강유전성

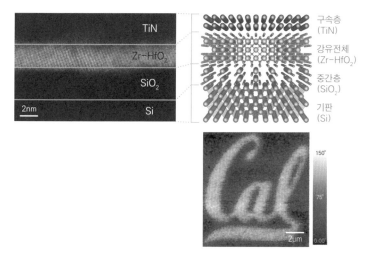

그림 2-2 강유전체 신소재: 지르코늄이 도핑된 이산화하프늄

는 것을 확인했습니다.

그림 2-2는 실리콘 위에 비정질(amorphous) 이산화규소(SiO2)를 얹고 그 위에 지르코늄(Zr)이 도핑된 이산화하프늄을 두께 1nm로 올린 모습입니다. 바로 이 1nm 박막이 강유전체에 해당하는 부분입니다. 강유전체는 압력이 가해지면 전기를 발생하는 압전(piezoelectric) 특성도 갖고 있습니다. 따라서 압전 효과를 바탕으로 어떤 물질의 강유전성을 실험적으로 증명할 수 있죠. 우리는 이 얇은 막에 'Cal' 모양을 위상차로 입힐 수 있었고, 이는 이산화하프늄이 압전 효과를 일으킬 수 있는 강유전체라는 한 가지 증거가 됩니다. 특히 주목할 점은, 기존의 강유전체의 경우 두께가 얇아지면 강유전성이 약해졌지만 이 새로운 소재는 두께를 줄이면 줄일수록 강유전성이 더 강해진다는 것입니다. 즉, '두께'라는 근본적인 한계를 가진 기존 강유전체와는 달리, 이산화하프늄은 첨단 소자에 활용하기에 매우 적합한 소재입니다.

어떻게 이 이산화하프늄 박막이 1nm라는 얇은 두께로도 강유전성을 보이는 걸까요? 우리는 이런 현상이 이산화하프늄을 성장시킨 기판의 성질과 관련 있다고 생각합니다. 일반적으로 페로브스카이트 소재는 에피택셜(epitaxial) 기판에서 성장시키지만, 우리는 비정질의, 원자적으로 매끄러운 이산화규소층 위에서 이산화하프늄을 성장시켰습니다. 이런 조건에서 만든 이산화하프늄 박막은 두께가 줄어들수록 상부 금속으로부터 받는 힘이 커져서 이것이 강유전성의 강화로 이어진다고 보는 겁니다. 정확한 메커니즘은 더 밝혀봐야 알겠지만, 1nm의 얇은 두께로도 강한 강유전성을 유지한다는 것만은 사실입니다.

아주 얇게 구현할 수 있는 강유전체 소재를 찾았으니 이제 이것을 어떻게 활용하는지 소개하겠습니다.

강유전체 응용 분야

1) 터널 접합 메모리

먼저 살펴볼 응용 분야는 메모리 소자입니다.

금속과 반도체의 접촉면에는 '쇼트키 장벽(Schottky barrier)'이라는 에너지 장벽이 존재합니다. 금속과 반도체의 접촉 간격이 몇 nm 수준으로 매우 짧다면, 전자들은 쇼트키 장벽을 마치 터널을 통과하듯이 넘을 수 있는데, 이를 '터널 효과(tunnel effect)'라고 합니다. 이때 발생하는 전류를 '터널 전류(tunnel current)', 이러한 접합을 '터널 접합(tunnel junction)'이라고 부르지요.

도핑된 이산화하프늄 강유전체는 반도체, 그 중에서도 높은 밴드갭 값을 가지는 와이드밴드갭(wide bandgap, WBG) 반도체에 해당합니다. 이제, 두 개의 금속 사이에, 도핑된 이산화하프늄 박막이 끼어 있는 구조를 상상해봅시다(그림 2-3). 금속-반도체 접촉면, 즉 터널 접합이 두 군데이니까 쇼트키 장벽도 두 군데 존재하겠죠. 쇼트키 장벽의 높이는 가운데에 낀 이산화하프늄 내부의 쌍극자의 분극 상태에 따라 달라집니다. 이산화하프늄의 쌍극자가 왼쪽에서 오른쪽을 향하고 있으면, 박막의 왼쪽면이 양전하, 오른쪽면이 음전하가 되고, 왼쪽 쇼트키 장벽이 낮아지지만 오른쪽 장벽은 높아집니다. 분극 방향을 전환하면 반대 현상이 벌어지고, 터널 전류도 달라집니다.

이러한 '강유전체 터널 접합(ferroelectric tunnel junction)'을 메모리로 사용하려면 정말 얇은 두께로 만들어야 합니다. 강유전체가 두꺼우면 터널 접합으로 흘러 들어오는 전류가 적어지고, 결국 저장된 정보를 읽기 매우 어렵고 속도도 느릴 게 뻔하죠. 터널 접합을 통과하는 전류량을 늘리는 게 핵심인데, 그러려면 최대한 얇은 강유전체가 필요합니다.

그림 2-4은 이산화하프늄 강유전체 터널 접합을 메모리로 이용하기에 적합한지 시험한 결과입니다. 이 실험은 '쓰기'와 '읽기' 과정으로 나뉩니다. 우선 높은 전압을 가하여 어떤 상태를 기록한 다음, 낮은 전압을 가하여 그것을 읽어 들입니다. 분극 방향을 바꾸어 다시 한 번 '쓰기'를 하고, 낮은 전압으로 또 '읽기'를 합니다. 두 가지 분극 상태에서 발생한 전류는 다른 패턴을 보이며, 전압을 통해 소재의 상태를 전환할 수 있

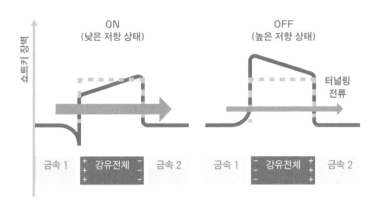

그림 2-3   강유전체 터널 접합

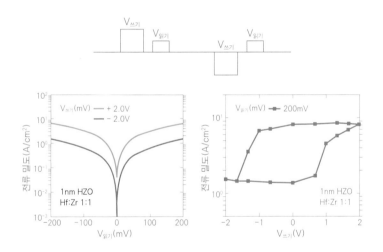

그림 2-4   강유전체 터널 접합을 활용한 메모리(터널 전류 밀도)

습니다.

이 강유전체 메모리는, 강유전체 터널 접합 중에서도 가장 높은 수준인 10A/cm²라는 전류 밀도를 보였으며, 전류가 흐를 때(on 상태)와 흐르지 않을 때(off 상태)의 차이도 컸습니다. 게다가 여기에 사용한 이산화하프늄 박막은 기존의 반도체 집적 공정과 호환 가능한 기술로 성장시킨 것입니다. 따라서 차세대 메모리 소자로서 가치가 상당히 크다고 생각합니다.

2) 네거티브 커패시턴스 트랜지스터

두 번째 응용 분야는 네거티브 커패시턴스(negative capacitance) 트랜지스터입니다.

먼저 '네거티브 커패시턴스'에 대해 설명해보겠습니다. 어떤 물질이 전하를 저장하는 능력을 수치로 표현한 것을 '커패시턴스(capacitance, 전기 용량)'라고 합니다. 전기 회로에서는 '커패시터(capacitor, 축전기)'라고 불리는 소자가 일시적으로 전하를 저장하는 역할을 하지요. 커패시터는 두 전도체 사이에 유전체(dielectrics)가 끼어 있는 구조입니다. 유전체를 이용하여 만든 일반적인 커패시터의 경우, 인가하는 전압에 비례하여 전하가 축적됩니다. 하지만 강유전체를 사용하면 특이한 일이 벌어지죠. 바로 특정 구간에서는 인가하는 전압이 증가할수록 커패시턴스가 감소하는 겁니다. 이런 현상을 '네거티브 커패시턴스'라고 부릅니다.

그림 2-5의 왼쪽 그래프는 분극 상태에 따른 강유전체의 퍼텐셜 에너지(potential energy) 변화를 보여줍니다. 강유전체의 퍼텐셜 에너지는 W자 곡선을 그리는데, 이것의 도함수를 구하면 오른쪽과 같은 S자 곡선을 얻을 수 있습니다. 커패시턴스는 전압 변화에 대한 전하량 변화로 정의되는데, 하늘색으로 표시한 영역에서는 음의 값을 가집니다. 즉, 하늘색 영역에서 이 강유전체 소재는 '네거티브 커패시턴스' 성질을 갖는 것입니다.

강유전체의 이러한 성질을 트랜지스터에 접목해보겠습니다. 전계효과 트랜지스터(MOSFET, metal-oxide-semiconductor

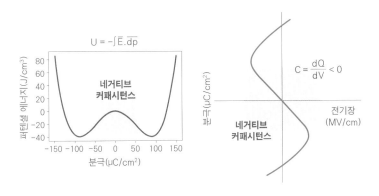

그림 2-5 강유전체의 네거티브 커패시턴스

field-effect transistor)의 게이트 밑에 들어가는 절연체 자리에
네거티브 커패시턴스 물질을 사용하면 어떨까요?

그림 2-6의 MOSFET에서 드레인 전류(I_D)는 게이트 전압
(V_g)에 의해 조절됩니다. 게이트-절연체-실리콘 채널로 이어
지는 영역을 회로로 표현하면, 두 개의 커패시터가 직렬로 연

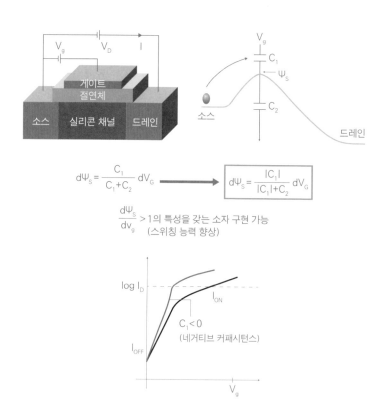

그림 2-6　네거티브 커패시턴스 트랜지스터(NCFET)

결된 구조입니다. 여기서 게이트의 표면 전위(ψ_s)는 절연체 커패시턴스 C_1과 반도체(실리콘) 커패시턴스 C_2에 의해 결정되지요. 표면 전위는 '$C_1 / (C_1 + C_2)$'에 게이트 전압을 곱한 값입니다.

그런데 만약 절연체 커패시턴스 C_1이 음의 값을 가진다면 $d\psi_s$가 dV_g 보다 클 수 있으며, 이는 트랜지스터 내부에서 전압이 증폭될 수 있다는 의미입니다. 즉, 네거티브 커패시턴스 성질을 가진 물질을 절연체 부위에 사용하면, 채널이 필요로 하는 전압보다 더 낮은 전압이 게이트 표면에 가해져도 트랜지스터가 작동한다는 겁니다.

그림 2-6의 맨 아래 그래프는 일반적인 MOSFET과 NCFET을 비교할 수 있도록, 게이트 전압(V_g)과 드레인 전류(I_D) 사이의 관계를 나타낸 것입니다. 검은색 선이 MOSFET, 하늘색 선이 NCFET에 해당합니다. 이 그래프를 보면, 동일한 누설전류(I_{off})를 감수해야 하는 조건에서, 같은 값의 드레인 전류(I_D)를 얻기 위한 게이트 전압(V_g)이, NCFET에서 더 낮다는 것을 알 수 있습니다. 트랜지스터를 켜고 끄는 데 사용되는 전압이 낮아지면, 결국 전력 소비량도 줄어드는 효과가 있습니다.

3) 1.8nm 박막으로 구현한 NCFET

NCFET을 구현하려면 두께 2nm 이하의 매우 얇은 강유전체가 필요합니다. 우리 연구팀은 앞서 소개한 지르코늄 도핑 이산화하프늄을 1.8nm 두께로 만들어 NCFET을 개발했습니다. 그리고 이 새로운 트랜지스터를 기존의 것과 비교하였죠. 그 결과 우리의 NCFET이 일반적인 FET보다 훨씬 작은 '문턱 전압 이하 스윙(SS, subthreshold swing)' 값을 가진다는 것을 확인하였습니다(그림 2-7 오른쪽). SS란 드레인 전류를 10배 증가시키는 데 필요한 게이트와 소스 사이의 전압으로, 작을수록 FET 성능이 좋다고 봅니다. 그림 2-7 그래프에서는 기울기가 클수록 SS 값이 작습니다.

물론 고유전율(high-k) 소재를 절연체로 사용해도 SS를 개선할 수 있습니다. 하지만 우리가 사용한 강유전체 박막은 일반적인 고유전율 소재와는 분명 차이가 납니다. 고유전율

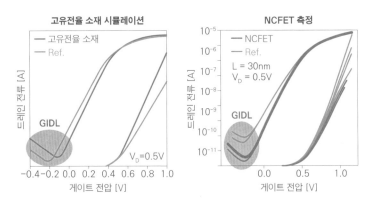

그림 2-7 고유전율 소재 vs. 강유전체 소재

소재를 이용했을 때 예상되는 V_g(게이트 전압)-I_D(드레인 전류) 그래프를 시뮬레이션으로 얻어, 우리가 NCFET으로부터 실제로 관찰한 결과와 비교하니, 게이트 유도 드레인 누설(GIDL, gate-induced drain leakage) 값에서 확연한 차이를 보였습니다 (그림 2-7). GIDL은 누설전류의 일종으로, 게이트 전압을 0 이하로 낮출수록 드레인 전류가 점점 증가하는 현상을 말합니다. 그림 2-7 그래프에서 노란색으로 표시한 부분입니다. 실제로 트랜지스터에서 얻을 수 있는 가장 낮은 전류는 0이 아니라 GIDL에 의해 결정됩니다. 고유전체 소재 시뮬레이션(그림 2-7 왼쪽)에서 SS는 개선되었지만 GIDL은 증가하였습니다. 반면에 NCFET 측정 그래프(그림 2-7 오른쪽)에서는 SS가 개선되었을 뿐 아니라 GIDL도 감소한 것을 볼 수 있습니다.

3) FEFET 메모리

앞서 소개한 터널 접합 메모리와 NCFET 외에도, 강유전체를 사용하여 첨단 소자를 구현할 수 있는 방법이 더 있습니다. 바로 FEFET(ferroelectric field-effect transistor)이라 불리는 트랜지스터입니다.

FEFET은 강유전체 소재를 사용하여 트랜지스터에 메모리 기능까지 추가한 것입니다. 아이디어는 간단합니다. 강유전체는 영구 쌍극자 모멘텀의 방향에 따라 두 가지 분극 상태를 가지는데, 분극 상태가 바뀔 때 일어나는 효과를 이용하면 됩니다. 게이트 금속 위에 강유전체를 얹으면, 분극 상태에 따라 트랜지스터의 문턱전압(V_{th})이 바뀌어 두 개의 서로 다른 전류-전압 특성을 얻을 수 있습니다(그림 2-8).

FEFET의 경우 트랜지스터 하나하나가 메모리 역할도 같이 할 수 있어서, 굉장히 밀도 높은 메모리 구현이 가능합니다.

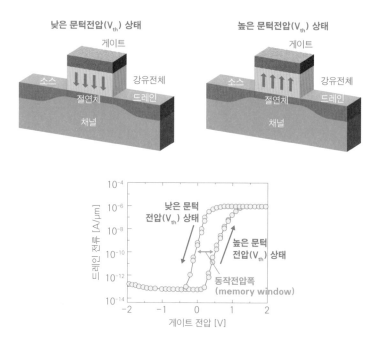

그림 2-8 FEFET의 구조

그래서 FEFET은 차세대 메모리로서 지난 수년간 많은 관심을 받아왔습니다.

그런데 FEFET은 내구성 문제가 있습니다. 1만 번 스위칭하거나 데이터를 기록하면 성능이 대폭 저하되기 시작합니다. 두 가지 전류-전압 특성을 구분하는 동작전압폭(memory window)이 사라져 버리는 것이죠. 왜 이런 현상이 발생할까요? 학계에서 꼽는 두 가지 이유를 말씀드리겠습니다. 첫째는 분극으로 인해 형성되는 강한 전기장이 계면 산화체를 손상시키기 때문입니다. 그 결과 소자가 제기능을 못하게 되죠. 둘째는 이 소재에 반복적으로 전압을 가해 데이터를 기록하는 과정에서 기판에서 발생하는 전하 포획이 강유전체 분극의 반대 방향으로 작용하기 때문입니다. 일반적으로 FEFET에 사용되는 강유전체 소재는 6~7nm 수준인데, 사이클이 반복될수록 더 많은 전하가 기판에 포획되어 강유전체가 지닌 동작전압폭이 완전히 무효화되는 겁니다.

우리는 이 문제를 해결하기 위해 두 가지 접근을 해보았습니다. 먼저, 고유전율 계면층을 사용하는 방법입니다. 전기장은 소재의 유전율에 반비례하므로, 고유전율 계면층이 전기장을 줄여 줄 것이라는 발상을 한 것이지요. 또한, 초박막 강유천체 기술을 응용해 6~7nm가 아니라 4nm 두께의 강유전체를 사용했습니다. 이렇게 하면 전하 포획 현상을 대폭 줄일 수 있습니다.

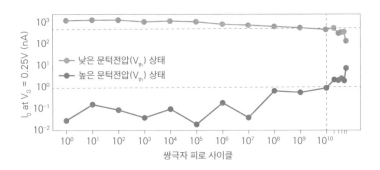

그림 2-9 초박막 강유전체와 고유전율 계면층을 사용한 FEFET의 내구성

    이 둘을 결합한 결과, 사이클 내구성이 확연히 개선된 것을 확인할 수 있었습니다(그림 2-9). 초박막 강유전체와 고유전율 계면층을 사용한 FEFET은 10^{10} 사이클 이후에도 동작전압폭을 안정적으로 유지합니다. 이는 기존 방식에 비해 거의 10만 배에 가까운 성능 향상입니다. 내구성이 강화된 강유전체 소재는 앞으로 LLC(last-level cache) 아키텍처를 포함하여, 매우 넓은 분야에 활용될 수 있을 것입니다..

강유전체 두께, 이젠 아무런 '근본적 장애물'이 없다

이 장을 마치면서, 강유전체 소재가 반도체 소자의 성능을 강화하는 새로운 가능성을 제시한다는 사실을 다시 한 번 강조하고 싶습니다. 첨단 미세 반도체 소자에는 두께 2nm 이하의 매우 얇은 강유전체 소재가 꼭 필요합니다. 하지만 기존의 강유전체 소재는 얇은 두께로 만들었을 때 강유전성을 잃어버리는 근본적인 한계가 있었지요. 그래서 지난 수년간 우리는 이 문제를 해결하기 위해 노력했고, 그 결과 실리콘 공정과 호환 가능한 도핑된 이산화하프늄 강유전체 소재가 1nm 두께에서도 강한 강유전성을 유지한다는 사실을 밝혀냈습니다. 그리고 이 얇은 강유전체를 트랜지스터와 메모리 소자에 활용할 수 있음을 보였습니다.

또한, 기존에 확립된 트랜지스터 제조 공정을 통해 강유전체 활용 소자를 양산할 수 있다는 사실도 이미 검증되었습니다. 2017년 글로벌파운드리스(GlobalFoundries)는 자사의 14nm 핀펫(FinFET)과 22nm FDSOI(fully depleted silicon-on-insulator) 플랫폼으로 각각 NCFET과 FEFET을 생산하는 데에 성공했습니다. 강유전체 활용 소자의 상용화 가능성을 높여주는 매우 고무적인 결과입니다.

이제 강유전체는 두께라는 근본적인 장애물을 넘어섰으며, 미래 첨단 소자를 구현하는 아주 흥미로운 소재가 될 것입니다.

3

미세화 한계를 넘어서: 3D 집적기술

3D Integration for 'Beyond Scaling'

최창환

- 한양대 신소재공학부 교수
- 텍사스대(오스틴) 전자·컴퓨터공학 박사
- 차세대 로직 반도체 소재, 소자 제조 공정, 특징화 및 모델링 연구
- 첨단 메모리 및 논리 소자 응용을 위한 나노전자 장치·소재·공정 개발
- 미국 IBM 토마스 J 왓슨 연구센터 연구원(2006~2010)

이 장에서는 반도체 미세화(scaling) 한계에 대안이 될 수 있는 3D 집적기술을 소개하려고 합니다. 왜 반도체는 3D 집적으로 전환해야 할까요? 그 이유를 먼저 설명한 다음, 이미 반도체 업계에서 구현되고 있는 3D 이종 집적(heterogeneous integration)의 몇 가지 예시를 보여드리고, 모놀리식 3D(M3D, monolithic 3D) 집적기술을 살펴보겠습니다. 그리고 최근에 우리 연구실이 발표한 M3D 적용 사례를 소개하면서 반도체 기술이 나아갈 방향을 전망하겠습니다.

반도체는 다양한 소재, 공정 기술, 소자(device), 설계, 시스템의 도입을 통해 진화해 왔습니다. 기술 노드(technology node) 관점에서 보면, 90나노미터(nm)까지는 '기하학적(geo-metric) 혹은 고전적(classical) 미세화' 시기에 속하며, 그 이후로는 '효과적(effective) 미세화' 시기가 진행중입니다. 소재에서는 90nm 기술노드부터 실리콘게르마늄(SiGe)과 45nm 기술노드부터 고유전율(high-k) 박막과 금속 게이트가, 공정 쪽에서는 극자외선(EUV)을 이용한 리소그래피(lithography) 기술이 미세화를 가속화하는 데에 큰 역할을 했습니다. 소자 측면에서는 22nm 기술 노드부터 평면형 트랜지스터가 3D 핀펫(FinFET)으로 바뀌었으며, 이제는 지느러미를 길게 개선한 핀펫(FinFET)이 나오고 있습니다. 5nm, 3nm 아래로 가면, 게이트올어라운드(GAA, gate-all-around) 트랜지스터처럼 또 다른 구조를 가진 소자가 새롭게 등장할 것입니다.

한편 공정 기술 개선으로 얻는 미세화를 뛰어 넘어, 이제는 회로 설계에서부터 전략적으로 미세화에 접근하는 설계기술공동최적화(DTCO, design-technology co-optimization)가 이루어지고 있습니다. 시스템상으로는, 이종 및 모놀리식 3D 집적기술이 향후 10년 동안 자리잡을 것으로 보입니다. 또한 뉴로모픽(neuromorphic)과 같이 기존 컴퓨팅 구조와는 확연히 다른, 새로운 유형의 시스템도 다양하게 개발될 것입니다.

반도체 미세화의 한계

반도체의 성능은 대개 단위 면적당 들어 있는 트랜지스터 수로 환원하여 생각할 수 있습니다. 트랜지스터 밀도가 높을수록 성능이 좋다고 보는 겁니다. 하나의 칩 안에 보다 많은 트랜지스터를 집적(integration)하기 위한 기술은 역사적으로 크게 네 단계를 거쳐 발전했습니다. 기하학적 미세화(1980년대), BEOL(back-end-of-line) 미세화(1990~2000년대 초반), 3D 소자 개발(2000년대 초반~2010년대 중반) 시기들을 지나, 2010년대 후반부터는 이종 집적 단계에 들어섰습니다.

어느 시점까지는 미세화를 통해 반도체의 성능을 꾸준히 높여왔지만, 결국 이제는 복잡한 공정 때문에 미세화가 어려워지는 단계를 맞이했습니다. 미세화의 어려움은 기술의 문제뿐 아니라 비용의 문제이기도 합니다. 새로운 유형의 트랜지스터를 개발할 때, 투자 비용에 비해 성능이 얼마나 개선되었는가를 계산하면 미세화의 효율을 가늠할 수 있습니다. 그런데, 이 '투자 대비 성능 개선'이 28nm 기술 노드 즈음부터는 지지부진하기 시작했습니다. 트랜지스터의 크기를 줄이고 밀도를 높이기 위해 아무리 많은 비용을 투입하더라도, 기대에 미치는 성능이 나오지 않게 된 것입니다. 이것이 바로 미세화의 한계입니다. 따라서 미세화 전략 외에 다른 접근법이 필요합니다.

'전력 미세화'도 간과해서는 안 됩니다. '전력 미세화'란, 소자 하나하나의 크기를 줄이는 '기하학적 미세화'에 대비되는 표현으로, 전력 효율을 최대화하여 반도체 성능을 향상시키는 전략을 말합니다. 기술 노드가 발전함에 따라 트랜지스터 수준에서 발생하는 게이트 지연(delay)은 어느 정도 줄어들었지만, 배선(interconnection)에서 발생하는 RC 지연 (resistance-capacitance delay)은 성능 저하와 전력 소비 증가로 이어졌습니다. 이러한 현상은 배선 길이가 증가하는 첨단 기술 노드로 갈수록 더욱 뚜렷해지며, 2차원적 미세화로는 더 이상 RC 지연 문제를 풀 수 없습니다.

3D 집적: 반도체의 '마천루'로 미세화 한계를 넘다

이제 반도체 개발에서 3D 집적이 왜 중요한지 이야기해 보겠습니다. 도시에서 거주 공간이 부족해지면 고층 건물을 짓는 것처럼, 2D 미세화의 한계는 3D 집적으로 해결할 수 있습니다. 3D 집적을 이용하면 배선 길이를 줄여 RC 지연과 전력 소비를 완화할 수 있고, 다양한 기능을 가진 소자들을 3차원으로 쌓아 올려 기능성을 극대화할 수도 있습니다. 미세화의 한계, 전력 문제, 기능성, 제조 비용 등을 모두 고려할 때 3D 집적의 중요성은 앞으로도 계속 커질 것입니다. 미국 방위고등연구계획국(Defense Advanced Research Projects Agency, DARPA)이 2018년부터 추진하고 있는 대규모 반도체산업부흥계획(ERI, Electronics Resurgence Initiative) 중 하나의 영역으로 포함될 만큼, 3D 집적은 이미 큰 주목을 받고 있습니다.

3D 집적을 이해하기 위해서, 이보다 앞서 업계에 등장한 '이종 집적(heterogeneous integration)'이라는 개념을 먼저 살펴보겠습니다. '이종 집적'은 따로 제조한 부품을 보다 높은 수준으로 융합하여 성능과 특징을 개선하는 반도체 패키징(packaging) 기술입니다. 인텔 아질렉스 FPGA(field-programmable gate arrays) 칩이 좋은 예인데, 다양한 유형의 집적회로(IC, integrated circuit)가 하나의 칩렛(chiplet) 단위가 되어 이밉(EMIB, embedded multi-die interconnect bridge)이라는 기술로 결합되어 있습니다(그림 3-1). 3D 집적도 큰 틀에서는 이러한 이종 집적 범주에 속합니다. 여러 칩렛을 단일 기판

그림 3-1　인텔 아질렉스 FPGA 칩

위에서 연결하다는 점에서, 이종 집적이자 '칩렛 집적(chiplet integration)'이기도 합니다.

칩렛 집적에서 특히 중요한 것이 배선 밀도(interconnection density)입니다. 배선 밀도가 높을수록 메모리 대역폭(bandwidth, 초당 전송할 수 있는 데이터의 최대 크기)이 크고, 전력 효율도 좋기 때문에, 전세계적으로 배선 밀도를 높이기 위한 연구가 활발히 진행되고 있습니다. 반도체 기업마다 실리콘 인터포저(interposer), 실리콘 관통 비아(TSV, through-silicon via), 범프(bump) 등을 활용한 고유의 패키징 기술을 보유하고 있습니다.

그렇다면 3D 집적에서 '3D'가 의미하는 바는 무엇일까요? 바로 칩렛을 옆으로 나란히만 배치하는 게 아니라 위아래로 쌓는 것입니다. 여기서 칩렛을 수직으로 이어주는 기술이 TSV입니다. TSV로 연결된 칩렛 적층 구조물은 다시 마이크로 범프를 통해 실리콘 인터포저에 연결됩니다. 인터포저는 그 자체로도 하나의 집적회로 칩인데, 트랜지스터나 다른 소자 없이 배선층만 가지고 있어서 칩렛과 패키지 기판 사이를 전기적으로 이어줍니다. 이렇게 인터포저에 결합된 영역을 '3D 집적회로(3DIC)'라 하고, 3DIC는 C4(controlled collapse chip connection) 범프에 의해 패키지 기판(package substrate)에 결합되는데, 이 전체를 '패키지(package)'라고 부릅니다(그림 3-2).

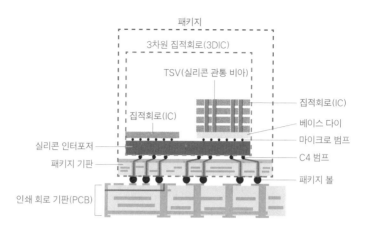

그림 3-2　3D 집적: 인터포저, TSV, 범프 등을 이용한 패키징 구성

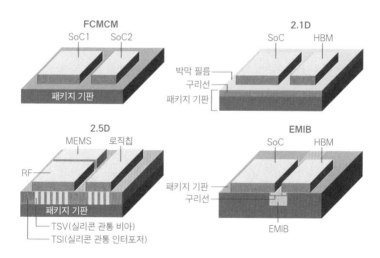

**그림 3-3　다양한 칩을 하나의 패키지 기판에
연결하는 칩렛 집적(chiplet integration)**

물론 3D 집적기술이 하루 아침에 등장한 것은 아닙니다. 기존의 표준 패키징 방식을 2D라고 본다면, 여기에서 배선 밀도를 높여 전력 효율을 개선시킨 2.1D, 2.5D기술이 3D 이전에 존재했습니다(그림 3-3).

이어서 배선 밀도를 더욱 향상시킨 기술이 3D 집적입니다. 인텔의 경우, 앞서 소개한 EMIB이 2.5D 집적에 해당하지만, 인터포저를 넓은 영역에 걸쳐 사용하는 일반적인 2.5D 기술들과는 달리, 칩렛 연결 부위에서만 EMIB이라는 실리콘 다리를 만들어 인터포저를 대체했습니다. 이렇게 하면 칩의 물리적 유연성이 더 커집니다. 인텔은 3D 기술로 포베로스(Foveros)와 Co-EMIB을 가지고 있습니다. 포베로스는 넓은 인터포저, TSV, 마이크로 범프 등 3D 집적으로 분류할 만한 구조적 특징을 가지고 있습니다(그림 3-4). Co-EMIB은 EMIB과 포베로스를 함께 사용하는 하이브리드 기술입니다.

TSMC(Taiwan Semiconductor Manufacturing Company)도 고유의 2.5D, 3D 기술을 보유하고 있습니다. CoWoS(chip-on-wafer-on-substrate) 와 InFO(integrated fan-out)가 2.5D에 속하는데, 배선 밀도와 성능을 향상시키기 위한 접근 방식에서 조금 차이가 납니다. CoWoS에서는 TSV가 박힌 인터포저를, InFO에서는 재분배층(RDL, redistribution layer)과 TIV(through-InFO via)를 이용합니다. InFO 기술은 다시 InFO-oS(on-substrate)와 InFO-PoP(package-on-package) 두 가지 유형으

로 나뉘는데, 특히 InFO-PoP은 두께를 매우 얇게 구현할 수 있고, 전기적 성능과 열관리 능력이 뛰어나 주로 모바일 네트워크 기기에 쓰입니다. 애플의 아이폰이 대표적인 예입니다.

　　TSMC의 3D 기술인 SoIC(system on integrated chips)에는 웨이퍼 위의 웨이퍼(WoW, wafer-on-wafer) 적층과 웨이퍼 위의 칩(CoW, chip-on-wafer) 적층 두 가지 방식이 있습니

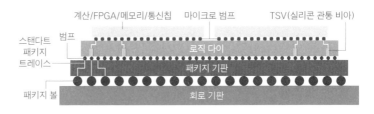

그림 3-4　3D 이종 집적의 예시①: 인텔의 포베로스

그림 3-5　3D 이종 집적의 예시②: TSMC의 SoIC

다. SoIC는 특히 폼 팩터(form factor) 자유도가 높은데, 다양한 폼 팩터를 가능하게 하는 제조 환경에서는, 범프 밀도를 높이기가 쉽습니다(그림 3-5). 이전 세대 2D 플립 칩 집적에서 2.5D/3D, SoIC로 갈수록 범프 밀도가 높아지는데, 각 기술의 특징이 다르므로 목적에 맞게 사용하면 됩니다. TSMC의 경우, 모바일 기기에는 InFO와 SoIC를, 고성능 컴퓨터에는 CoWoS와 SoIC를 함께 씁니다.

인텔과 TSMC의 사례에서 보셨다시피 3D 이종 집적을 이용하면 배선 밀도를 높이고, 전력 소모는 줄이고, RC 지연도 감소시킬 수 있습니다. 그래서 미세화의 한계를 극복하기 위한 기술로서 주목을 받는 것입니다.

모놀리식 3D(M3D) 집적:
또 다른 유형의 3D 집적기술

지금까지는 3D 집적을 패키징 기술의 연장선에서 살펴보았습니다. 그런데 사실 3D 집적에는 또 다른 유형도 있습니다. 바로 모놀리식 3D(M3D) 집적입니다. 앞서 소개한 인텔과 TSMC의 3D 기술에서는 TSV라는 기술이 여러 소자들을 '병렬(parallel) 집적'해주었습니다. 따로 제작한 소자를 조립할 때 비아(via, 일종의 전극)를 삽입하는 것입니다. 이러한 비아 연결 방식은 기존의 와이어 본딩(wire bonding)보다 뛰어나지만, 두께가 있는 웨이퍼에 비아를 단단히 채우기 어렵고, 저항이 커서 발열 문제가 있으며, 본딩 정렬이 어렵다는 한계가 있습니다.

이와 달리 M3D 집적은 '순차(sequential) 집적'입니다. 먼저 한 기판에서 소자들을 조립한 후 본딩, 재결정화, 에피택시(epitaxy) 등의 방법으로 상부 기판을 추가로 만들어 하부층과 연결합니다. 그런 다음 상하부 기판의 소자들을 '하나, 단일체(mono-)'라는 의미에서 '모놀리식(monolithic)'으로 이어줍니다. 상부층 형성 없이 상하부의 소자들을 직접 연결하는 것도 가능합니다(그림 3-6). 그런데, 현재의 M3D 공정은 열 문제에 취약합니다. 하부층 소자의 열화(degradation)를 막기 위해 저온 공정이 새로 개발되어야 하고, 3D 구조 자체에서 오는 열 발산 문제도 해결해야 합니다.

TSV를 이용한 병렬 집적과 M3D 순차 집적은 장단점이 다르기 때문에 서로 경쟁 관계가 아닙니다. 반도체의 사용 환경에 따라 더 적합한 방식이 있을 뿐입니다. 그럼에도 불구하고 두 공정을 비교하자면, 접촉 크기와 피치 크기가 주된 차이입니다. M3D에서 쓰이는 비아가 TSV에 비해 크기가 작고, 높은 밀도로 사용할 수 있습니다. 배선 길이도 M3D가 병렬 집적보다 짧아서, 보다 낮은 수준의 RC 지연과 전력 소모를 기대할 수 있습니다. 그러나 열 문제를 해결해야하는 큰 과제가 있습니다.

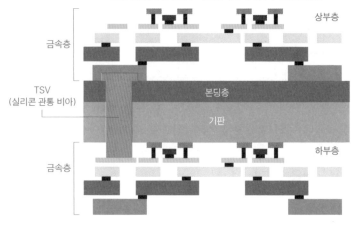

TSV 병렬 집적: 상하부 기판을 따로 제작한 후 TSV로 연결

금속층

TSV
(실리콘 관통 비아)

금속층

상부층

본딩층

기판

하부층

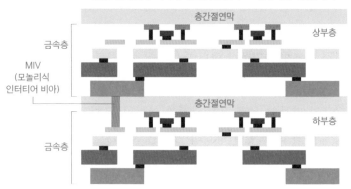

M3D 순차 집적: 하나의 기판을 완성한 후 그 위에 다른 기판을 제작

층간절연막

금속층

MIV
(모놀리식
인터티어 비아)

상부층

층간절연막

하부층

금속층

그림 3-6　3D 집적기술 비교: TSV 병렬 집적 vs M3D 순차 집적

그렇다면 M3D 기술을 적용할 수 있는 분야는 무엇일까요? 잠재적인 응용 사례는 3D 이미징, 고성능 메모리와 컴퓨팅, 컴퓨팅-인-메모리(computing-in-memory, CIM), 뉴로모픽 컴퓨팅 등입니다. 현재 M3D 연구를 선도하는 곳은 레이저 어닐링 기반 M3D 기술을 개발한 대만반도체연구소(TSRI, Taiwan Semiconductor Research Institute)와 SOI(silicon-on-insulator) 웨이퍼 직접 접합 기술을 가진 프랑스 원자력청 산하 전자정보기술연구소(CEA-LETI, Laboratoire d'électronique et de technologie de l'information)입니다. 국제전자소자학회(IEDM, International Electron Devices Meeting)는 반도체 소자 분야에서 가장 명망 높은 학회인데, 2020년 한 해만 해도 뉴로모픽 컴퓨팅, BEOL M3D 등 M3D 집적에 관한 논문이 37편이나 발표되었습니다. 그만큼 M3D 기술이 가진 잠재력이 큰 주목을 받고 있습니다.

M3D 집적을 적용한 3D 뉴로모픽 시스템

M3D 집적기술을 이용하여 실제로 어떤 문제를 풀 수 있는지, 그 가능성을 예시를 통해 살펴보겠습니다. 현재 범용 컴퓨터에 쓰이고 있는 폰 노이만(von Neumann) 아키텍처의 한 가지 약점은 메모리와 프로세서 사이에서 발생하는 병목현상입니

다. 방대한 데이터가 메모리와 프로세서를 오갈 때 처리 속도가 이를 받쳐주지 못하는 겁니다. 그래서 양자 컴퓨팅이나 뉴로모픽 컴퓨팅 같은 새로운 체계로 이러한 한계를 극복하려고 하는 것이지요.

데이터 처리 속도가 빠르면서도 전력 소비량이 적은 뉴로모픽 컴퓨팅 구현을 위해 하드웨어 측면에서 다양한 연구가 진행 중입니다. 보다 구체적인 목표는 저항변화메모리(RRAM 혹은 ReRAM, resistive random-access-memory)나 플래시 메모리 배열의 시냅스 소자, CNN(convolutional neural network)과 BNN(binarized neural network) 같은 인공 신경망 회로 등을 개발하는 것입니다.

최근 우리 연구팀은 CMOS와 RRAM 배열 소자로 3D 뉴로모픽 시스템을 구현하는 데 성공했습니다. 3D 집적을 통해 CMOS위에 RRAM을 쌓아 올렸는데, 하부 CMOS는 디지털 컨트롤러와 소자 컨트롤 스위치로 구성한 8인치 웨이퍼이며, 상부는 12×14 RRAM으로 되어 있습니다. 하부층의 CMOS가 펄스를 생성하면 이것이 상부 RRAM 배열 내 특정 지점에 전달됩니다. 또 어느 부위에 얼마만큼의 펄스가 전해지는지 그 가중치에 따라 최종 출력되는 신호의 크기가 달라지도록 설계했습니다(그림 3-7). 즉, 인간의 뇌세포가 다양한 입력 신호를 종합하여 최종 출력값을 생성하는 방식과 비슷하게 반도체를 제작한 겁니다. 여기서 RRAM 배열을 구성하는 각각의 요소는

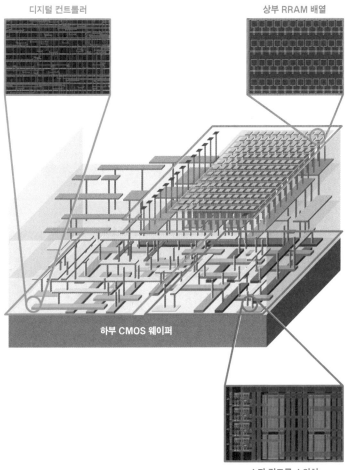

디지털 컨트롤러

상부 RRAM 배열

하부 CMOS 웨이퍼

소자 컨트롤 스위치

그림 3-7 CMOS + RRAM 3D 뉴로모픽 시스템

뇌신경망의 시냅스에 해당한다고 보면 됩니다.

이 3D 뉴로모픽 시스템이 인간의 뇌신경망을 얼마나 잘 모사하는지는 실험을 통해 검증할 수 있었습니다. 흥미롭게도 이 시스템은 인간의 뇌처럼 학습도 하고, 망각도 했습니다. 특히 학습 곡선은 SRDP(spike-rate-dependent plasticity) 규칙을 따랐는데, 이는 시냅스의 연결 강도가 시냅스 전후 뉴런의 활성 정도에 비례해서 증가하는 현상으로, 뉴로모픽 컴퓨팅의

4.11E-08	2.34E-08	2.80E-08	2.78E-08	3.14E-08	2.71E-08	2.01E-08	4.33E-08	2.81E-08	2.84E-08	3.18E-08	5.65E-09
4.28E-08	2.58E-08	3.35E-08	1.97E-08	4.77E-09	3.29E-08	5.14E-08	5.51E-08	6.41E-09	5.14E-08	6.07E-09	6.08E-09
2.67E-08	3.18E-07	2.70E-08	2.63E-08	5.96E-07	2.76E-08	5.95E-07	2.55E-08	4.48E-08	1.28E-08	5.54E-07	5.14E-08
4.93E-08	6.23E-07	7.58E-08	8.51E-08	3.04E-07	7.56E-08	5.92E-07	8.40E-08	9.89E-08	9.68E-08	7.74E-07	6.70E-08
7.93E-08	8.15E-07	4.48E-08	3.69E-08	6.09E-07	6.53E-08	7.50E-07	9.40E-07	8.24E-08	7.59E-07	8.03E-07	6.64E-08
7.08E-08	8.21E-07	5.98E-08	7.97E-08	8.24E-07	4.68E-08	6.91E-08	7.73E-08	6.65E-08	7.51E-07	6.98E-08	6.43E-08
9.12E-08	7.22E-07	7.81E-07	7.45E-07	8.33E-07	4.21E-08	2.07E-08	9.97E-07	2.65E-07	4.50E-07	3.31E-08	2.48E-08
1.73E-08	2.36E-07	4.75E-09	1.77E-08	1.15E-06	5.80E-09	1.89E-08	6.22E-09	9.58E-08	3.89E-09	3.60E-09	3.59E-09
6.95E-10	1.15E-06	4.03E-09	5.29E-08	3.23E-07	5.05E-09	3.33E-08	4.19E-09	1.15E-06	8.53E-08	1.06E-07	5.36E-08
5.25E-08	7.03E-07	4.14E-08	3.66E-09	8.51E-07	4.22E-08	3.27E-08	1.28E-08	1.15E-06	1.16E-08	9.99E-09	8.67E-08
2.48E-07	8.83E-07	5.54E-08	3.46E-08	1.15E-06	7.76E-08	5.48E-09	6.15E-08	8.31E-07	9.06E-08	6.19E-08	6.77E-08
1.92E-09	1.15E-06	5.47E-08	5.13E-09	9.95E-07	5.08E-08	6.42E-09	2.23E-08	1.30E-07	3.74E-08	4.11E-08	1.96E-08
1.15E-06	5.35E-08	2.50E-08	3.36E-08	3.91E-08	3.98E-08	4.39E-09	5.94E-08	4.33E-08	1.15E-06	4.07E-08	4.25E-09
3.74E-08	1.15E-06	4.37E-08	1.16E-08	1.99E-08	1.34E-08	5.85E-09	5.09E-08	4.65E-09	3.69E-08	7.39E-09	7.31E-09

그림 3-8   12×14 RRAM의 문자 학습

주요한 특징입니다. PPF(pulse-paired facilitation), PTP(post-tetanic potentiation) 등 다른 시냅스 가소성(synaptic plasticity) 지표들도 뉴로모픽 컴퓨팅으로서의 특성을 잘 보여주었습니다. 또한, H와 Y문자를 학습시키고 휴식 시간 뒤 다시 확인하자, 강한 자극으로 학습된 H와 Y가 12×14 RRAM 배열 상에서 선명하게 나타났습니다(그림 3-8). 이런 결과들은 M3D 집적이 뉴로모픽 반도체를 구현하는 기술로서 보다 널리 쓰일 수 있음을 말해줍니다.

한편, M3D 집적의 제조 공정을 개선하는 노력도 꼭 필요합니다. 우리 팀에서는 이온컷(ion-cut)이라는 새로운 도핑(doping: 순수한 반도체 혹은 진성 반도체에 미량의 불순물을 첨가하여 전기 전도도가 높은 불순물 반도체로 만드는 공정) 기법을 개발하여 2020년 IEDM에서 공개했습니다. 이온컷 기술은 기존 M3D 공정에 비해 소자 성능과 제조 비용 측면에서 강점이 있습니다. 앞으로도 다양한 공법이 등장하여, 기능은 끌어올리고 전력 소모는 감소시킨 M3D 집적 반도체가 탄생하길 기대해봅니다.

미래의 반도체는 3D 집적기술과 함께

3D 집적이 반도체 미세화의 한계를 극복하는 새로운 전략이 될 수 있다는 점을 다시 한 번 강조하고 싶습니다. 배선 밀도

를 높이기 위해서는 범프 피치, 범프 밀도, 전력 소비량을 모두 고려해야 합니다. 활발한 연구개발을 통해 기업마다 차별화된 3D 이종 집적기술을 보유하고 있습니다. 여러 종류의 3D 집적기술 중에서 어느 하나가 다른 것에 비해 우월하다기보다 장단점이 다르니, 반도체 용도에 맞게 적합한 기술을 사용하면 됩니다.

3D 이종 집적과 M3D 집적은 FEOL(front end of line) 소자, 공정 개발과 함께, 미래의 반도체 산업에서 매우 중요한 부분입니다. 이러한 3D 집적기술은 이미지 센서, 컴퓨팅 메모리, 뉴로모픽 컴퓨팅 등 많은 분야에 적용되어, 궁극적으로는 반도체 산업 발전을 견인하는 원동력이 될 것입니다.

4

자동화 기술을 적용한
차세대 반도체 설계 기법

Applying Automated Design Methodologies
to Advanced Semiconductor Technologies

한재덕
- 한양대 융합전자공학부 교수
- UC버클리 전자·컴퓨터공학 박사
- 고성능 집적회로 설계 및 자동 생성 분야 연구
- UC버클리 EECS 우수강의개발상 수상(2016)
- 애플 연구원(2017~2019)

이 장에선 첨단 시모스(CMOS, complementary metal-oxide-semi-conductor) 반도체 공정에서 집적회로를 효과적으로 구현하는 방법에 대해 소개하겠습니다.

우리가 흔히 '칩(chip)'이라고 부르는 집적회로(IC, integrated circuit)는 전자 시스템의 주요 구성 요소로서, 다양한 연산 및 저장 작업을 대규모로 수행합니다. 여기에서 '대규모'라는 것은 1초에 수십억 회의 연산을 수행하는 정도를 말합니다. 이처럼 대규모의 연산을 수행하려면 수십억 개 이상의 트랜지스터들이 유기적으로 연결되어 하나의 반도체 칩에 집적되어야 합니다. 반도체 칩의 연산 능력은 집적된 트랜지스터들의 수에 비례하므로 트랜지스터는 많을수록 좋습니다. 그래서 사람들은 트랜지스터를 더 작게 만들어 하나의 반도체 칩에 더 많은 트랜지스터를 넣기 위해 많은 노력을 기울이고 있습니다.

실제로 지난 50년 동안 반도체 분야의 연구자들은 트랜지스터를 점점 더 작게 만드는 작업을 아주 성공적으로 수행해왔으며, 이러한 노력의 결과로 나타난 트랜지스터 집적도의 지속적인 향상 경향을 우리는 '무어의 법칙(Moore's Law)'이라고 부릅니다. 반 세기 동안 이어진 무어의 법칙 덕분에 이제는 칩 하나에 수십억 개의 트랜지스터를 집적할 수 있고, 한 개의 반도체 칩이 10억 개 이상의 연산을 수행할 수 있는 단계에 이르렀습니다. 매우 놀라운 기술 발전입니다.

반도체 칩을 제작하는 비용은 칩의 면적에 거의 비례하기 때문에, 무어의 법칙은 회로 설계를 새로운 기술 노드(technology node)로 이전함으로써, 같은 비용으로 더 많은 기능을 구현할 수 있고, 동일한 성능의 칩을 제작하는 데 드는 비용은 절감할 수 있다는 뜻입니다.

무어의 법칙의 한계와 극복:
협업적 기술 혁신

안타깝게도 10년쯤 전부터 반도체 기술 발전에 큰 문제가 나타나기 시작했습니다. 트랜지스터의 크기가 채널 피치(pitch) 기준 100nm 이하로 너무 작아지면 여러 기술적 문제가 발생하여 트랜지스터의 크기를 더 작게 만들기 어려워집니다. 이런 경향이 심화하면, 기술 노드의 특정 세대부터는 트랜지스터 제조 비용 또한 높아지기 시작합니다. 그래서 많은 과학자들은, 더 이상 트랜지스터를 작게 만들기 힘들고 트랜지스터 집적도 향상의 장점을 누릴 수 없기 때문에 무어의 법칙은 끝이라고 예상했습니다. 더 적은 비용으로 더 많은 기능을 수행하는 칩을 만들 수 없을 것이라고 본 겁니다.

그러나 10년이 지난 오늘날, 우리는 무어의 법칙이 둔화하기는 했으나 아직도 지속되는 것을 보고 있습니다. 제조 비용을 계속 낮추면서 채널 피치를 7nm까지 줄인 트랜지스터를 더 많이 집적할 수 있었고, 최소 3nm까지는 더 줄일 수 있을 것으로 기대하고 있습니다. 메모리 분야에서도 비슷한 추세가 관찰됩니다. 디램(DRAM, dynamic random-access memory)의 셀 크기는 로직 트랜지스터와 비슷한 추세로 계속해서 줄어들어, 집적도 및 저장 능력이 향상되고 있습니다.

그러면 10년 전 우리의 예측과 다른 결과를 얻게 된 이유는 무엇일까요? '나노미터(nm) 반도체 시대'에도 지속적인 미세화(scaling)를 가능하게 하는 요인을 하나만 꼽기는 어려울 겁니다. 전자공학의 여러 분야가 전체적으로 발전하며 이뤄낸 결과이기 때문입니다. 지금의 이 성취는 지난 10년 동안 여러 분야가 협업한 결과입니다.

소자 영역에서는 원하는 트랜지스터 특성을 구현하기 위한 새로운 구조를 연구하고, 공정 측면에서도 보다 작은 구조물을 집적하기 위해 노력하고 있습니다. 회로 설계자들 또한 새로운 소자 및 공정 기술과 호환되는 회로 구조를 고안합니다. 이 세 가지 분야에서 모두가 서로 교류하고 협력하여 트랜지스터의 집적도를 지속적으로 향상시켜온 겁니다. 당분간 무어의 법칙에 따른 기술 발전이 계속되리라고 자신합니다.

새로운 한계선, 설계 복잡성과 고비용

그런데 우려되는 점이 하나 있습니다. 20~30년 전과 비교했을 때, 오늘날의 트랜지스터는 훨씬 더 복잡한 구조와 공정으로 만들어진다는 사실입니다. 뛰어난 아이디어가 적용되어 트랜지스터의 크기를 더욱 작게 만들었지만, 이는 트랜지스터 제조 기술의 복잡성을 높이는 결과를 초래했습니다. 그 결과, 최신 반도체 기술 노드에서는 소자 제조에 수백 개 단계의 공정이 필요하고 설계 규칙도 굉장히 복잡해졌습니다. 이런 복잡성으로 인해 집적도 향상으로 얻은 비용 절감의 효과가 설계 비용 증가로 상쇄되고 말았습니다.

　예를 들어, 현재 16~14nm 공정을 사용하여 SoC(system-on-chip) 하나를 개발하려면 2억 달러라는 막대한 비용이 소모됩니다(그림 4-1). 그런데 칩 당 2억 달러의 개발 비용을 뒷받침할 만한 제품 시장이 그다지 많지 않기 때문에, 반도체 기술

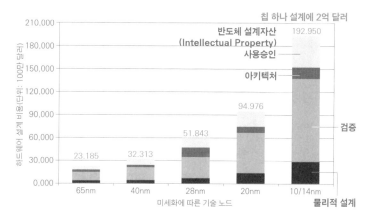

그림 4-1   하드웨어 설계 비용

이 발전함에 따라 해당 기술을 사용하는 반도체 칩의 종류는 점점 줄어드는 역설적인 문제가 발생하게 됩니다. 그리고 첨단 기술 노드의 막대한 칩 제작 비용을 뒷받침해 줄 만큼의 이익이 보장되는 제품군이라 하더라도, 트랜지스터 제조 기술의 복잡성 때문에 설계 시간과 비용이 증가한다는 점은 여전히 큰 문제입니다.

따라서 이제 좋은 반도체를 만드는 일 못지않게 반도체를 효율적으로 만드는 방법에도 주목해야 합니다. 지금까지는 설계 비용에 대한 고려보다는 설계된 칩의 품질에 주로 초점을 맞추어 왔지만, 현실 세계에서는 시간과 연구비의 제한이 있기 때문에 생산성 향상 없이 복잡성을 더하는 것은 결국 제한

된 시간 내에 설계된 반도체 칩의 품질 저하로 이어집니다.

그래서 보다 적은 노력으로 최종 설계를 '생산'하는 효율적인 설계 방법론을 개발하는 것이 트랜지스터 집적도를 향상하는 기술 개발만큼이나 중요합니다. 이제 반도체 회로 설계자들은 반복적이고 시간이 소요되는 작업을 컴퓨터에게 넘기고, 핵심 문제에 초점을 맞춤으로써 설계 생산성을 향상해야 합니다. 즉, 자동화가 필수적으로 수반되어야 합니다.

반도체 혁신을 지속하기 위한
'설계 자동화'

설계 자동화에서 가장 중요한 개념 중 하나는 '생성기 기반 설계 방법론(generator-based design methodology)입니다(그림 4-2). 이는 목표 사양, 설계 절차, 기술 매개변수들을 바탕으로 회로 설계도를 자동으로 만들어 내는 '회로 생성기(circuit generator)' 개발에 초점을 맞추는 새로운 패러다임입니다. 회로 설계자는 최종 회로 설계도 하나하나를 직접 만들어내는 수고 대신 회로 생성기를 설계합니다. 실제 회로 제작은 이미 개발한 회로 생성기에 목표 사양과 기술 매개변수 등을 입력하면 자동으로 이루어지는데, 이러한 과정을 '인스턴스화(instantiation)'라고 부릅니다. 그 결과 생성되는 각각의 설계도

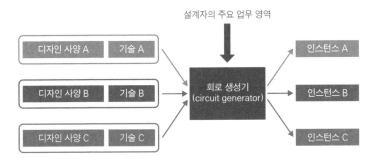

그림 4-2 생성기(generator) 기반 설계 방법론

를 '인스턴스(instance)'라고 부릅니다.

생성기 기반 설계 방식의 장점은 목표 사양과 공정이 달라도 동일한 회로 생성기를 재사용할 수 있다는 겁니다. 기존에는 설계 사양이나 기술 매개변수에 변화가 있을 경우 설계자가 전체 설계 절차를 직접 반복해야 했고, 한 부분의 설계를 다른 부분에서 재사용하기가 굉장히 어려웠습니다. 그러나 생성기 기반 설계에서는 설계자가 생성기를 새 매개변수와 함께 실행하기만 하면 최종 회로 설계도를 쉽게 수정할 수 있습니다. 따라서 설계도를 다른 공정으로 이전할 때나, 어떤 회로의 한 부분을 다른 회로에 재사용할 때 굉장히 유용하며 많은 시간과 수고를 줄여 줍니다.

생성기 기반 설계의 선결 조건

이렇게 생성기 기반 설계 방법론을 채택하면 아주 많은 이점이 있지만, 이 모든 잠재적 장점은 회로 생성기가 충분히 유용해야만 누릴 수 있겠죠. 회로 생성기가 유용하려면 몇 가지 선결 조건을 충족해야 합니다.

먼저 회로 생성기는 재현 가능하고(reproducible), 재구성이 가능해야(reconfigurable) 합니다. 회로 생성기의 구성을 쉽게 변경할 수 있고, 서로 다른 설계 매개변수에 대한 최종 설계도를 다양하게 생산할 수 있어야 한다는 뜻입니다. 예를 들어, 어떤 커패시터(capacitor, 축전기) 배열을 설계하는 생성기가 필요하다고 가정해 봅시다. 이 생성기는 커패시터 배열의 크기, 비트 수, 기수(基數: radix), 연결 정보 등 다양한 입력 매개변수를 받아들여, 이에 해당하는 설계도들을 빠르게 생성할 수 있어야 합니다. 고속 통신용 직렬 변환기를 위한 회로 생성기의 경우, 직렬화 비율이나 구성 트랜지스터 사양을 매개변수로 설정하여, 원하는 특성을 갖춘 직렬 변환기를 생성할 수 있어야 합니다.

회로 생성기가 유용하기 위한 또 다른 조건은, 흔히 '레이아웃(layout)'이라 불리는 회로의 물리적 구조도 생성할 수 있어야 한다는 점입니다. 레이아웃 생성은 회로 설계에서 가장 많은 시간이 소요되는 단계 중 하나입니다. 특히 첨단 반도체 기술 노드에서는 나노미터 규모의 트랜지스터를 구현하기 위해 여러 정교한 기술이 들어가기 때문에, 레이아웃 생성이 상당히 복잡하고 시간도 오래 걸립니다.

그래서 레이아웃 생성기는 기술적 복잡성을 추상화할 수 있어야 합니다. 이는 다른 공정에서 유사한 구조를 생성할 때 거의 같은 코드를 사용할 수 있어야 한다는 뜻입니다. 그러나 복잡한 트랜지스터 구조와 설계 규칙으로 인해 여러 공정에 재사용할 수 있는 레이아웃 생성기를 구현하는 것은 쉬운 일이 아닙니다.

레이아웃 생성기:
템플릿 및 그리드 기반 접근법

저는 지난 수년간 레이아웃 생성기 구현을 위해 많은 시간과 노력을 들였습니다. UC 버클리, 한양대, SK하이닉스 등 다양한 연구기관 및 산업체 소속의 연구원들과 협업을 통해 템플릿 및 그리드 기반 접근법을 개발했습니다.

템플릿 및 그리드 기반 레이아웃 생성(template-and-grid-based layout generation)은 템플릿, 배치 그리드, 배선 그리드를 활용하여 자동으로 레이아웃을 구성하는 방식입니다(그림 4-3). 목표 공정에 필요한 기본 소자들의 템플릿을 사전에 만들고, 실제 레이아웃 생성은 이러한 기본 소자들의 템플릿을 목표 공정 전용 배치 그리드에 맞추어서 배치하기만 하면 됩니다.

템플릿 기반 레이아웃 생성의 강점은 추상화(abstraction)입니다. 첨단 공정의 복잡한 회로 구조와 설계 규칙은 대부분 트랜지스터의 기본 구조에서 비롯되는데, 이러한 기본 구조 대부분은 템플릿으로 추상화할 수 있습니다. 템플릿을 이용하면 소자 내부의 복잡한 설계 정보를 모두 숨길 수 있고, 레이아웃을 다른 공정으로 이식(porting)할 때 템플릿만 교체하여 생성기를 재사용할 수 있습니다.

뿐만 아니라 배치 및 배선 그리드의 개념을 도입하여 공정 이식성(portability)도 확보할 수 있습니다(그림 4-4). 템플릿 상에서 소자를 배치할 때 물리적 좌푯값을 지정하는 대신 그것을 추상화한 가상의 그리드를 이용하는 것입니다. 그러면 생성기에서 소자 템플릿 배치 명령을 기술할 때 실제 물리적 좌푯값이 아니라 정수 기반 추상 좌푯값들을 사용하면 됩니다. 또한 레이아웃을 다른 공정으로 이식할 때, 가상 그리드가 서로 호환되는 한 생성기 코드를 업데이트할 필요가 없습니다. 여기에 더하여 소자 간 상대적인 위치 관계를 기술하는 방식까지 사용하면 직접 변수를 조작할 필요가 없어져서 생성기 코드의 서술 능력과 이식성을 더욱 향상할 수 있습니다.

트랜지스터들을 배치한 후에는 금속 와이어를 통하여 트

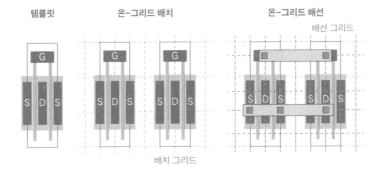

그림 4-3 템플릿 및 그리드 기반 레이아웃 생성기

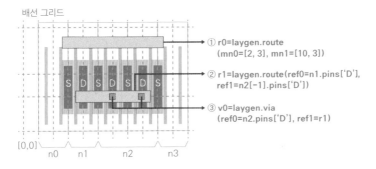

그림 4-4 배치 및 배선 그리드

랜지스터간 연결 구조를 만들어 줍니다. 배치 공정과 유사하게, 이 와이어 공정 역시 공정간 이식 및 재사용이 용이하도록 해야 합니다. 소자를 배치할 때와 유사한 방법으로, 배선 그리드를 도입하고 상대적 배선 정보를 활용함으로써 물리적 매개변수를 건드리지 않고도 공정 이식이 가능한 배선 구조를 기술하고 생성할 수 있습니다.

이와 같이 템플릿 및 그리드 기반 생성기는 단순하지만 레이아웃 설계를 크게 간소화하며 복잡한 설계 규칙을 추상화하고, 공정 이식성도 보장하는 강력한 기술입니다.

생성기 기반 설계의 적용 사례

1) 고속 유선 송수신기

이제부터는 생성기 기반 설계 기법을 다양한 회로 설계에 시험 적용하여, 유효성과 유용성을 검증한 예시를 소개하겠습니다.

첫 번째 사례는, 집적회로 사이의 고대역폭 데이터 통신 채널을 제공하는 데 널리 쓰이는 고속 유선 송수신기(wireline transceiver)입니다. 고속 유선 송수신기는 보통 SoC 구성 요소 가운데 가장 속도가 빠른 주파수에서 운영됩니다. 칩 대 칩 데이터 통신 대역폭은 해당 송수신기 회로의 최고 동작 주파수에 의해 결정되기 때문에, 유선 송수신기는 설계하기에 가장 까다로운 회로 중 하나입니다.

유선 송수신기의 핵심 구성 요소를 생성기 기반 설계로 생산할 수 있다면, 이러한 설계 방식의 유용성을 입증하는 셈이겠죠. 이를 위해 소자 특성, 회로 위상 관계, 배선 등을 고려하여 목표 데이터 속도와 대역폭 사양을 만족하는 인스턴스를 생성하는 생성기를 구현했습니다(그림 4-5).

기본적으로 방정식 기반 방법론을 사용하되, 우리 그룹은 레이아웃에서 추출한 정밀 매개변수를 방정식의 계수로 활용하고, 설계 절차를 시뮬레이션으로 반복 실행함으로써 설계

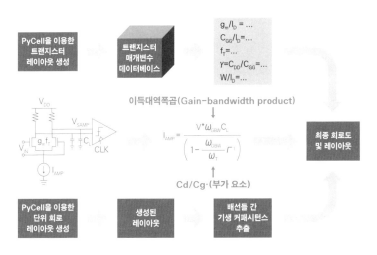

그림 4-5 고속 송수신기 레이아웃 설계 과정

결과물의 정확성을 높였습니다. 또한 이 모든 설계 절차가 생성기 코드 실행으로 순서대로 자동 수행되어 설계자가 중간에 개입할 필요가 없습니다.

자동 실행 덕분에 기존의 방법보다 훨씬 적은 시간과 수고를 들여서 설계를 고도로 최적화할 수 있습니다. 사람이 직접 하는 기존의 설계 방법으로는 3~4회 넘게 반복해서 작업하기 어려웠죠. 이는 생성기 기반 설계 기법의 유용성을 명확하게 보여줍니다.

2) 아날로그-디지털 변환기(ADC)

두 번째 사례는 고주파 무선 신호를 포착할 때 사용되는 초고속 아날로그-디지털 변환기(ADC, analog-to-digital converter)입니다. ADC는 두 가지 다른 종류의 회로로 구성돼 있습니다. 앞쪽(frontend)은 고속 신호 획득을 위한 아날로그 회로이며, 뒤쪽(backend)은 다양한 신호 처리 및 조정 작업을 수행하는 디지털 회로입니다.

우리 그룹은 두 가지 다른 종류의 회로를 생성하기 위해 서로 다른 접근법을 적용했습니다. 아날로그 쪽에는 버클리 아날로그 생성기(BAG, Berkeley Analog Generator)라는 프레임워크를 사용해 설계 사양을 만족하는 회로도와 레이아웃을 생성했고, 디지털 쪽에는 '치즐(Chisel)'이라는 하드웨어 기술 언어(HDL, hardware description language)를 사용했습니다.

기존의 디지털 회로 설계 자동화는 디지털 파형 합성과 자동 배치 및 배선을 통해 HDL을 게이트 수준 넷리스트(netlist: 구성 셀과 이들의 연결 상태에 대한 정보)와 물리적 레이아웃으로 변환하는 방식으로 이뤄졌습니다. 그러나 업계 표준 HDL들은 서술 능력이 부족하여, 아무리 디지털 자동화를 해도 생산성이 크게 향상되지 않는 문제가 있었습니다. 이에 반해, '치즐'은 객체지향 프로그래밍, 함수형 프로그래밍 등 여러 고급 프로그래밍 개념을 채택하여 새롭게 개발된 HDL입니다. 우리 그룹은 이 치즐을 활용해 매개변수를 풍부하게 함으로써, 생성기의 서술 능력을 크게 향상시킬 수 있었습니다.

치즐을 사용하여 만든 디지털 신호 처리 회로 생성기는 설계자의 의도나 생성하고자 하는 회로 유형에 따라 치즐 코드가 기존 HDL 코드로 변환되거나 인스턴스화됩니다. 이렇게 하면, 매개변수를 바꾸어 줌으로써 설계 목표를 쉽게 재지정할 수 있기 때문에 생산성이 크게 향상됩니다.

우리는 ADC에 생성기 기반 설계 기법을 도입하면서 두 가지 긍정적인 결과를 얻었습니다. 첫째는 이 방법이 아주 정교한 설계 규칙을 갖춘 최첨단 16nm 핀펫(FinFET) 공정 설계를 무난히 해냈다는 것입니다. 설계 규칙을 대거 추상화하는 템플릿 및 그리드 기반 자동 설계 방법론을 채택하지 않았다면, 시간 내에 설계를 끝내지 못했을 겁니다. 둘째는 자동 생성된 회로 인스턴스가 전통적인 방식으로 설계된 회로에 못지않게 좋은 성능을 보였다는 점입니다.

즉, 생성기 기반 설계 자동화를 활용하면, 훨씬 적은 시간과 수고를 들이고도 기존의 수동 설계 기법 못지않은 고성능 설계를 구현할 수 있다는 것이 증명된 셈입니다.

3) 디램(DRAM) 표준 셀

마지막 사례는 DRAM 표준 셀입니다. DRAM이나 플래시 메모리 같은 메모리 회로는 전자 시스템의 상당 부분을 차지하며, 전통적인 방식으로는 설계하는 데에 많은 시간과 노력이 소요됩니다. 우리는 생성기 기반 기법을 적용하면 이러한 메모리 회로 설계 과정도 효율적으로 만들 수 있다는 것을 증명했습니다. '레이고(LAYGO)'라는 레이아웃 생성 프레임워크를 활용하여 DRAM 표준 셀 생성기를 개발하였는데, 결과가 매우 인상적이었습니다. 새 기술 노드를 위한 여러 표준 셀을 설계 품질 저하 없이 빠른 시간 내에 자동으로 생성할 수 있었던 것입니다. 이 기술로 설계 시간이 대폭 줄어들고 설계 생산성이 500% 이상 향상된 것을 확인했습니다.

'무한한 가능성'을 생성하는
생성기 기반 자동 설계

현재 반도체 업계에서는 설계 생산성 향상에 대한 수요가 굉장히 큰데, 이를 충족시킬 수 있는 방법은 바로 자동화입니다. 설계 자동화 기법의 핵심은 재생산 및 재구성이 가능해야 한다는 것입니다. 물리적인 레이아웃도 생성할 수 있어야 하죠. 지금까지 살펴본 세 가지 사례는 생성기 기반 설계 기법이 생산성 저하를 해결하는 열쇠가 될 수 있음을 보여줍니다. 앞으로 이 분야에 많은 연구 및 사업 기회가 있으리라 확신합니다.

5

생활환경지능 시대를 위한 차세대 반도체 기술

Emerging Chip Technologies for the Age of Ambient Intelligence

수재 킹류
Tsu-Jae King Liu

- UC버클리 공과대학장(여성 최초) / Roy W. Carlson 석좌교수
- 스탠포드대 전자공학 학사·석사·박사
- 반도체 소자 기술 분야 권위자
- 미국 방위고등연구계획국(DARPA) 중요기술성취 대상(2000, 핀펫 개발 공로)
- 미국 전기전자학회(IEEE) 펠로우
- 미국 국립발명가아카데미(NAI) 펠로우
- 미국 국립공학아카데미(NAE) 회원
- 인텔 이사

반도체 기술의 급속한 발전 덕분에 오늘날의 컴퓨팅 기기는 인간 뇌의 역량에 빠르게 가까워지고 있습니다. 오늘날 가장 첨단의 반도체 칩을 기준으로 말하면, 다이(die) 하나에 거의 400억 개나 되는 트랜지스터가 집적되어 있고, 각 트랜지스터의 게이트 길이는 10nm까지 줄어들었습니다. 이러한 성과는 소재, 공정, 아키텍처 전반에서 기술이 꾸준히 진화해온 덕분입니다.

집적회로 속의 트랜지스터는 디지털 연산을 가능하게 하는 온(on)/오프(off) 스위치에 불과하지만, 우리가 매일 사용하는 스마트폰과 태블릿PC는 단순한 연산을 넘어서서 많은 기능을 수행하고 있습니다. 전파 신호를 이용하여 무선으로 정보를 주고받고, 소리·움직임·빛을 탐지하는 다양한 센서도 탑재되어 있지요. 이러한 기능은 박막형 공진기(TFR, thin-film resonator), 마이크로 전자기계 시스템(MEMS, micro-electromechanical system), 그리고 광소자(photonic device) 기술 덕분에 가능합니다.

정보통신 기술의 발달로 클라우드 컴퓨팅과 사물 인터넷(IoT, Internet of Things) 활용이 점점 확대되고, 머신러닝(machine learning)의 발전과 함께 인공지능(AI) 시스템의 고도화가 이뤄지고 있습니다. 가까운 미래에는 스마트 도시에서 맞춤형 의료 서비스를 누리고, 자율주행차를 운행하여 교통 흐름을 최적화하는 스마트 도로를 실현할 수 있을 겁니다. 또 공장 운영과 물류를 최적화하는 스마트 공장을 구축할 수도 있겠지요. 그야말로 생활환경지능(ambient intelligence) 시대가 도래할 날이 멀지 않았습니다.

생활환경지능 시대를 준비하며

생활환경지능을 실현하려면 극복해야 할 몇 가지 기술적 과제가 있습니다.

먼저 반도체의 에너지 효율이 급격히 높아져야 합니다. 정보통신 기술이 세상 곳곳에 확산함에 따라, 컴퓨팅 기기가 소비하는 전력의 총량은 기하급수적으로 증가하고 있습니다. 미래의 전력 위기를 방지하려면, 에너지 효율이 높은 새로운 컴퓨팅 소자와 집적회로 설계 방식, 칩 아키텍처가 필요합니다.

그리고 사물 인터넷이 주류 기술이 되려면 비침투적(non-intrusive)이고, 쉽게 운용 가능하고, 가격도 저렴한 센서가 필요합니다. 예를 들어, 신체 활동과 건강 상태를 모니터링하는 웨어러블 센서는 작은 폼 팩터(form factor)에 다양한 정보를 통합적으로 감지·처리·저장할 뿐 아니라, 에너지를 독립적으로 생성하고 저장하는 능력도 갖추어야 합니다.

또한 데이터 수집량이 늘어나면서, 더 많은 정보를 실시간으로 저장하고 처리하는 빅데이터 기술도 더욱 중요해질 것입니다.

미래 사회를 여는 버클리첨단기술연구소

UC버클리 산하 버클리첨단기술연구소(Berkeley Emerging Technologies Research Center, BETR센터)는 소재와 공정, SSD(solid-sate drive) 소자 분야에서 반도체 혁신을 주도하며, 미래형 정보 시스템 구현을 위해 노력하고 있습니다. 우리 주변에서 항상 켜져 있는 AI 시스템이 다른 기기들과 대규모로 소통하는 상황을 가정해 보십시오. 이런 미래를 만들려면, 지금보다 훨씬 에너지 효율이 높은 반도체가 필요합니다.

우리 BETR센터에서는 전자공학, 컴퓨터공학, 재료공학 등 다양한 분야의 UC버클리 교수들이 협업하고 있습니다. 미래 사회의 기반이 될 첨단 기술을 개발하는 중이지요. BETR센터는 학교와 기업이 오랜 호흡으로 함께 연구하고 지식을 나눌 수 있게 연결해주는 역할도 합니다. 협력사는 혁신적 아이디어나 연구 성과를 미리 제공받고, 학생 및 교수진과 교류하며, 이것이 훗날 학생들의 채용으로 이어지기도 합니다. 학교의 연구자들은 이런 교류를 통해 업계와 사회가 직면한 문제를 파악하고, 자신의 연구가 현실화되는 사례를 경험하기도 하죠. 매년 두 차례 여는 워크숍에선 협력사 직원과 UC버클리의 연구진이 만나 글로벌 반도체 생태계에 대해 정보를 교환합니다.

이 장에서는 BETR센터의 주요 연구 프로젝트들을 하나씩 소개해 보겠습니다. 우리 센터의 연구가 미래의 반도체 모습을 어떻게 변화시킬지 상상하면서 읽어 보시기 바랍니다.

BETR센터의 연구분야

1) 저전압 스위치

연구진: 제프리 보커(Jeffrey Bokor),
알리 자비(Ali Javey), 수재 킹류(Tsu-Jae King Liu),

사이프 살라후딘(Sayeef Salahuddin),
엘리 야블로노비치(Eli Yablonovitch)

첫 번째로 소개할 연구는 매우 낮은 전압에서 작동하는 스위치 설계입니다. 기존 트랜지스터처럼 1V에 가까운 전압이 아니라, 밀리볼트(mV) 수준에서 작동하는 디지털 로직 스위치를 개발하는 게 목표이지요. 새로 설계한 스위치는 제작에 들어가기에 앞서, 이론 분석 및 컴퓨터 보조 설계(TCAD, technology computer-aided design) 시뮬레이션을 통해 최적화합니다. 이

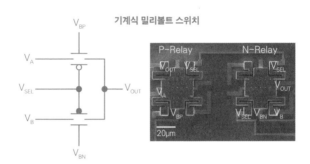

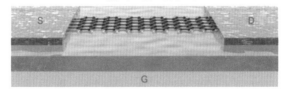

그림 5-1   저전압 스위치

런 과정을 거치면 제조 과정에서 발생할 수 있는 문제를 미리 예측하고 설계를 수정할 수 있습니다.

우리 그룹이 개발한 밀리볼트 스위치 중에는 기계(me-chanical) 스위치도 있습니다(그림 5-1 위쪽). 기계 스위치의 장점은 꺼진(off) 상태에서 누설전류가 0이기 때문에 대기 전력 혹은 정적(static) 전력 소비가 없다는 것입니다. 트랜지스터와 비교했을 때 기계 스위치가 갖는 또 다른 장점은, 훨씬 적은 수로도 원하는 기능을 갖춘 회로를 구현할 수 있다는 겁니다. 또한, 밀리볼트 스위치는 일반적인 트랜지스터에 비해 매우 낮은 전압에서 작동하므로, 동적(dynamic) 전력 소비 또한 크게 줄일 수 있을 것입니다('기계 스위치' 관련 자세한 내용은 1장 참고).

보커(Bokor) 교수 그룹은 그래핀 나노리본(nanoribbon)을 활용하여 매우 얇은 트랜지스터를 개발 중입니다(그림 5-1 아래쪽). 그래핀 나노리본을 두께 1nm 미만으로, 또 균등한 밴드갭(bandgap) 에너지를 얻기 위해 원자적으로 매끄러운 가장자리를 구현하는 것이 핵심입니다. 이런 구조를 갖추면 트랜지스터 특성을 제어하기 좋습니다. 이 트랜지스터는 부피당 표면적 비율이 굉장히 크기 때문에, 높은 화학적 민감도를 요구하는 분야에 응용 가치가 높습니다.

2) 광소자 기술

연구진: 알리 자비(Ali Javey),

블라디미르 스토야노비치(Vladimir Stojanović),

밍우(Ming Wu), 엘리 야블로노비치(Eli Yablonovitch)

오늘날 실리콘 광자학(silicon photonics) 기술은 데이터 센터 안에서, 서버와 서버를 이어주는 고속 통신에 사용됩니다. 장거리에서는 광학 신호가 전압 신호보다 더 빨리 전파되고 에너지 효율도 좋다는 장점이 있지요. 사실 빛은 서버와 서버 사이뿐 아니라, 반도체 칩 안에서도 정보를 전송할 수 있습니다. 이것이 가능한 이유는 실리콘 미세 구조가 도파관(waveguide) 역할을 해주기 때문입니다. 이러한 성질을 이용하여 만든 것이 바로 광소자(photonic device)입니다.

하지만 광소자가 기존 전기 소자가 가진 장점을 뛰어넘어 반도체 소자로서 더욱 주목받기 위해선 풀어야 할 문제가 많습니다. 레이저나 LED(light-emitting diode)와 같은 소형 발광기(light emitter)의 효율을 높이고, 광검출기(photodetector)의 민감도도 끌어 올려야, 비로소 광학 배선의 에너지 효율이 좋아질 수 있습니다. BETR센터에서도 이런 한계를 극복하기 위해 다양한 연구를 하고 있습니다.

예를 들어, 우(Wu) 교수 그룹은 2D 무작위 액세스 광학 빔

스티어링(random access optical beam steering) 시스템을 개발했습니다(그림 5-2 위쪽). 이 소자는 SOI(silicon-on-insulator) 웨이퍼와 MEMS 광학 스위치를 이용하여, 20×20 초점면(focal plane) 스위치 배열을 구현한 것인데, 시야각이 넓고 빔 산란이 적으며 스위칭 속도가 매우 빠르다는 장점이 있습니다. 로봇이나 자율주행 자동차에서 빛을 이용하여 사물과의 거리를 측정하는 라이다(LiDAR, light detection and ranging) 장치, 광케이

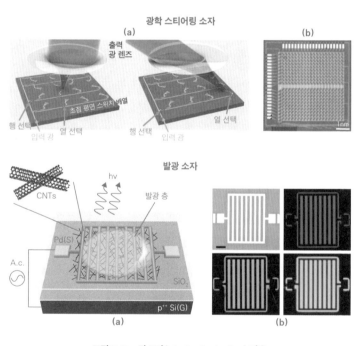

그림 5-2　광소자(photonic device) 기술

블을 통하지 않고 공중으로 빛을 전달하여 무선 통신하는 자유 공간 광통신(FSO, free-space optical communication) 등에 활용 가치가 높습니다.

자비(Javey) 교수 그룹은, 적외선부터 자외선까지 넓은 파장대의 빛을 생성할 수 있는 새로운 발광 소자를 개발했습니다(그림 5-2 아래쪽). 가공이 까다롭고 밴드 정렬 문제 등이 있어 그동안 발광 소자에는 매우 제한적인 소재만이 쓰였습니다. 그 결과 구현할 수 있는 파장의 범위도 정해져 있었죠. 이 신기술에서는 탄소 나노튜브(CNT, carbon nanotube)로 다공성 전극망을 만들고, 그 위에 여러 가지 발광 소재를 증착시켜서 사용할 수 있도록 설계했습니다. 활용할 수 있는 소재가 많아진 만큼 구현할 수 있는 파장도 다양해졌죠. 특히 정밀 분광, 측량, 센싱 등에 필요한 특수한 파장도 만들 수 있다는 큰 장점이 있습니다.

3) 유연 전자소자

연구진: 애나 애리아스(Ana Arias), 알리 자비(Ali Javey)

미래형 디스플레이와 웨어러블 디바이스(wearable device)는 유연 전자소자(flexible electronics)를 빼놓고 얘기할 수 없습니다. 유연 전자소자의 활용 범위를 확대하고 상호작용을 개선하기 위해서는 제조와 전개(deployment) 측면에서 새로운 패러다임이 필요합니다. BETR센터에서도 이런 점을 잘 염두에 두고, 롤투롤(roll-to-roll), 층전사(layer transfer), 고해상도 프린팅, 박막(thin film), 그리고 패키징(packaging) 공정에 필요한 장비·기술·소재를 연구하고 있습니다.

유연 전자소자를 만들 때 핵심이 되는 플라스틱 기판은, 재료의 특성상 그 위에 고성능 반도체 회로를 구현하기 어렵습니다. 일반적으로 반도체 기판 위에서 결함 없이 결정층을 형성하려면, 기판과 결정층 간 격자정합(lattice matching)이 필요합니다. 그런데 플라스틱은 결정층 성장에 틀을 제공할 만한 결정구조를 갖고 있지 않고, 고온 공정에도 잘 견디지 못하지요.

최근 자비(Javey) 교수 그룹은 이러한 한계를 극복할 수 있는 혁신적인 방법으로 TLP(templated liquid-phase) 결정 성장이라는 기술을 발표했습니다(그림 5-3 위쪽). 이 방법을 통해, 220°C까지 낮춘 비교적 낮은 온도에서, 결정정합을 제공할 수 없는 비정질(amorphous) 기판 위에서도 인화 인듐(InP, indium phosphide)의 단결정층이 잘 성장한다는 것을 보여주었죠. 폭넓은 소재를 유연 기판 소재로 활용할 수 있는 방법이 생긴 것입니다.

애리아스(Arias) 교수 그룹은 저비용 롤투롤 프린팅, 블레이드 코팅(blade coating), 유기 결합 기술을 활용하여, 플라스틱 위에 조립할 수 있는 다양한 센서를 개발 중입니다. 특히, 전위차 기계변환(potentiometric mechanotransduction) 메커니즘을 이용하여, 신축성 있는 전자 피부(e-skin) 형태로 기계적 센서를 구현하였습니다(그림 5-3 아래쪽). 이 센서는 단순하고, 단일 전극만으로 구성되어 있어서 픽셀 밀도가 높습니다. 그래서 기존의 듀얼 전극 방식 전자 피부에 비해 해상도가 높고, 뛰

유연 기판 결정층 성장 기술

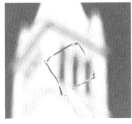 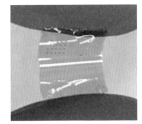

유리 기판 위에 성장 시킨 InP   플라스틱(폴리이미드) 위에 성장시킨 InP

단일 전극 모드 전자 피부(e-skin)

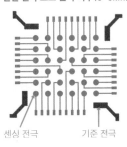

센싱 전극   기준 전극

그림 5-3 유연 전자소자(flexible electronics) 기술

어난 데이터 처리 속도를 자랑합니다. 초저전력성과 높은 조절성(tunability)을 보이며, 정적·동적 기계 자극을 감지하는 능력이 뛰어납니다. 앞으로 로봇공학·보철·의료 분야에서 널리 이용될 수 있는 첨단 기술입니다.

4) 내장형 비휘발성 메모리

연구진: 제프리 보커(Jeffrey Boker),

수재 킹류(Tsu-Jae King Liu),

라마무르시 라메시(Ramamoorthy Ramesh),

사이프 살라후딘(Sayfeef Salahuddin),

블라디미르 스토야노비치(Vladimir Stojanović)

모바일 컴퓨팅 및 사물 인터넷 기기의 에너지 효율을 높이기 위해서는 내장형 비휘발성 메모리(eNVM, embedded non-volatile memory)가 필요합니다. 여기서 비휘발성(non-volatile)이란, 전원이 끊어진 상태에서도 정보를 유지하고 있어 전원이 공급되면 다시 저장된 정보를 사용할 수 있다는 의미입니다. BETR센터에서는 디지털 로직 회로와 한 덩어리가 될 수 있는 고밀도 eNVM을 개발하고 있습니다. 나노미터 단위의 자기(magnetic) 및 강유전체(ferroelectric) 소자나 나노전자기계(NEM, nano-electro-mechanical) 스위치를 BEOL(back-end-of-line) 공정에서 시모스(CMOS, complementary metal-oxide-semiconductor) 회로에 집적하는 것이죠. 여기서 핵심은 메모리와 로직 제조 공정이 하나로 통합되었다는 것입니다.

보커(Bokor)와 살라후딘(Salahuddin) 교수는 전류로 구동되는 초고속 자기 소자를 개발했습니다(그림 5-4 위쪽). 이 소자는 전기적 펄스를 이용하여 나노 자석의 자성을 전환하고, 그 과정에서 비휘발적으로 정보를 저장합니다. 특히 피코(pico,10^{-12})초 단위의 매우 짧은 시간 동안 초고속으로 정보를 기록할 수 있다는 강점이 있습니다. 이 나노 자석을 오늘날 트랜지스터와 유사한 크기인 20nm로 축소할 수 있다면, 불과 펨토(femto, 10^{-15})줄(joule) 단위의 에너지만 있어도 제 기능을 발휘할 수 있을 겁니다. 에너지 효율이 엄청나겠죠.

살라후딘(Salahuddin) 교수 그룹은 또한, 비정질이며 비강자성(non-ferromagnetic)인 규화철(iron silicide, Fe_xSi_{1-x})과 코발트 이중층에서 예상치 못한 스핀궤도 토크(SOT, spin-orbit torque) 현상을 발견했습니다(그림 5-4 아래쪽). 이 발견이 매우 흥미로운 점은, 오늘날 CMOS 반도체에 널리 쓰이는 규화물(silicide)이 스핀트로닉(spintronics) 소자 재료로도 이용될 수 있음을 시사하기 때문입니다. 이런 연구를 바탕으로, 앞으로 새로운 비휘발성 메모리 소재가 많이 발굴되기를 기대해봅니다.

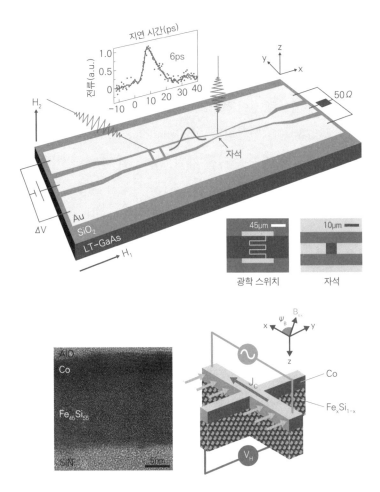

그림 5-4   내장형 비휘발성 메모리(eNVM) 개발 기술

5) 시스템 집적

연구진: 제프리 보커(Jeffrey Boker),

수재 킹류(Tsu-Jae King Liu), 소피아 샤오(Sophia Shao),

블라디미르 스토야노비치(Vladimir Stojanović)

BETR센터는 고체 소자 기술과 컴퓨터 아키텍처의 공동최적화(co-optimization)에도 관심을 쏟고 있습니다. 이런 차원에서, 반도체 각 분야의 혁신을 서로 연결하는 프로젝트를 진행 중입니다. 구체적으로는 소자 모델링과 집적회로 시뮬레이션을 통해 에너지 효율과 성능 사이의 상충 관계를 풀어 나가고, 새롭게 개발한 소자 기술이 특정한 사용 환경에 적합한지 실험적으로 증명합니다.

스토야노비치(Stojanović) 교수 그룹은 광소자와 CMOS 회로를 웨이퍼 규모로 3D 집적하여, 광위상 배열(OPA, optical phased array)을 구현했습니다(그림 5-5). 3D 집적을 이용하면 전자 회로와 별개로 광소자를 독립적으로 최적화할 수 있어 시스템 설계의 자유도가 매우 높아집니다. 또한 비아(via)는 두 층 사이를 유연하게 연결하면서도 높은 배선 밀도를 제공합니다. 프로토타입 시험 결과, 20mW 정도의 매우 적은 전력을 소비하면서도 광범위한 2D 스티어링 성능을 보였습니다.

우리 그룹은 스토야노비치(Stojanović) 교수 그룹과 함께

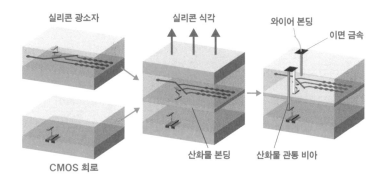

그림 5-5 광소자와 CMOS 회로를 3D 집적한 광위상 배열

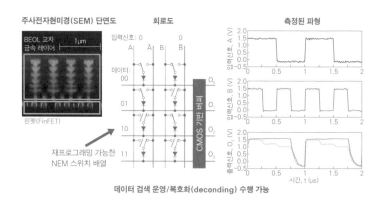

그림 5-6 CMOS와 NEM 스위치 기술을 결합한 데이터 검색 시스템

에지 컴퓨팅(edge computing)에 필요한 저전력 소형 아키텍처도 개발했습니다(그림 5-6). 일반적인 CMOS 공정 방식을 이용하여 NEM 스위치를 구현한 것이 특징입니다. CMOS와 NEM 스위치 기술이 융합된 이 소형 회로는, 기존의 연산 회로보다 적은 전력을 소모하면서도 빠르게 정보를 검색하고 복호화(decoding)할 수 있습니다. 특히, 기존의 방식대로 대량 생산할 수 있다면, 앞으로 데이터 검색이나 복호화 작업에 폭넓게 활용할 수 있을 것입니다.

6) AI를 위한 하드웨어 가속기

연구진: 수재 킹류(Tsu-Jae King Liu),

사이프 살라후딘(Sayfeef Salahuddin),

소피아 샤오(Sophia Shao),

블라디미르 스토야노비치(Vladimir Stojanović),

노라 왈러(Laura Waller), 엘리 야블로노비치(Eli Yablonovitch)

인공지능의 부상으로, 머신러닝에 특화한 칩 아키텍처를 개발하는 과제가 급물살을 탔습니다. 성능과 에너지 효율을 극대화하기 위한 전략이지요. BETR센터 연구진들은 심층신경망(DNN, deep neural network)에서 일어나는 대규모 행렬 연산에 최적화한 하드웨어 가속기(hardware accelerator)를 개발하고 있습니다. 또한 조합 최적화(combinatorial optimization) 문제를 풀기 위한 새로운 하드웨어 접근법도 개발 중입니다. 조합 최적화 문제는 많은 독립 변수들로 구성된 목적함수의 최댓값 또는 최솟값을 얻는 방법을 구하는 것으로, 회로 설계뿐 아니라 금융이나 경영학에서도 중요하게 다루고 있습니다. 특히 NEM 스위치를 포함한 새로운 형태의 스위치, 아키텍처 인식 네트워크 가지치기(architecture-aware network pruning) 기술 등에 초점을 두고 있습니다.

야블로노비치(Yablonovitch) 교수 그룹은 조합 최적화에 아날로그 회로를 사용하는 방법을 연구하고 있습니다. 한 가지 예로 전기 LC(inductor-capacitor) 발진기 기반 아이징(Ising) 기계를 고안했는데, 이 시스템은 최적화 이론에서 잘 알려진 라그랑주 승수법(Lagrange multiplier: 제약 조건이 주어진 함수의 최댓값·최솟값을 구하는 방법)을 물리적으로 구현한 것입니다(그림 5-7 위쪽). AI, 제어 시스템, 경영학 연구 등 조합 최적화 문제를 다루는 다양한 분야에 활용할 수 있습니다.

살라후딘(Salahuddin) 교수 그룹은 제한 볼츠만 머신(RBM, restricted Boltzmann machine)을 이용해 NP-난해 조합 최적화 문제를 효율적으로 풀 수 있는 확률적 신경망(SNN, stochastic neural network)을 구축했습니다(그림 5-7 아래쪽). RBM 구조와 샘플링 알고리즘을 활용해 아이징 문제에 접근했다는 것이 특

아날로그 회로를 활용한 라그랑주 승수법

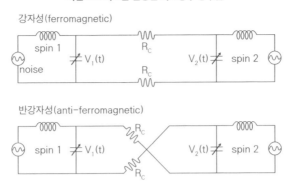

강자성(ferromagnetic)

반강자성(anti-ferromagnetic)

제한 볼츠만 머신(RBM)을 활용한 확률적 신경망

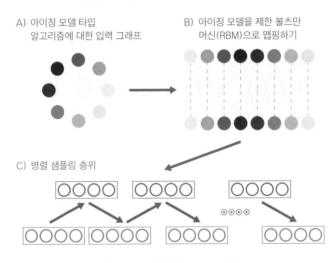

A) 아이징 모델 타입 알고리즘에 대한 입력 그래프

B) 아이징 모델을 제한 볼츠만 머신(RBM)으로 맵핑하기

C) 병렬 샘플링 층위

그림 5-7 AI를 위한 하드웨어 가속기

징인데, 앞으로 물류, 일정 관리, 자원 할당 등의 광범위한 분야에서 활용 가치가 높아 보입니다.

트랜지스터 미세화(scaling)의 한계?
아직 넓은 '혁신의 공간'

트랜지스터의 물리적 크기를 줄이는 것이 실질적인 한계에 도달했다 할지라도, 반도체 칩의 기능성을 높이고 에너지 효율을 개선할 다른 방법들이 활발히 연구되고 있습니다. 소재·소자·아키텍처 분야에서 나오는 새로운 발견은 선순환을 통해 반도체 발전을 꾸준히 이끌어갈 것입니다. 생활환경지능 시대로 나아가기 위한 혁신의 공간은 아직 충분합니다. 늘 가까운 곳에서 우리의 건강과 안전을 살피며, 삶의 질을 높여 줄 정보통신 기술의 밝은 미래를 기대해봅니다.

'제2회 과학혁신 컨퍼런스(2020년 1월 10일)'와
'과학혁신 웨비나: 반도체 기술의 미래(2021년 4월 16일)'의 토론 내용을 재구성

6

〈종합토론〉
인간을 위한 공학,
사회적으로 깨어 있는
공학자를 위하여

사회

신창환

성균관대 전자전기공학부 교수

대담

수재 킹류

UC버클리 공과대학장/
Roy W. Carlson 석좌교수

사이프 살라후딘

UC버클리 전자·컴퓨터공학과
TSMC 석좌교수

최창환

한양대 신소재공학부 교수

1980년도엔 반도체 칩을 구동하는 데 5V의 전압이 필요했습니다. 그런데 2020년대가 된 지금, 전력을 적게 쓴다고 알려진 **DRAM LPDDR**(low power double data rate)을 놓고 봐도, 여전히 **1V가 넘는 구동전압**이 필요합니다. 지난 **40년** 동안 단위 면적당 트랜지스터 수는 무어의 법칙에 따라 기하급수적으로 증가한 데 비해, 구동전압은 **80% 정도만 감소**한 셈입니다. 왜 구동전압은 더 획기적으로 줄어들지 못했을까요?

수재 킹류

아주 좋은 질문입니다. 트랜지스터의 스위칭 원리를 생각하면 그 이유를 알 수 있죠. 트랜지스터는 소스와 채널 사이 퍼텐셜 에너지 장벽이 바뀜으로써 작동합니다. 소스-채널-드레인으로 이어지는 전자의 흐름을 10배 높이려면, 상온(25℃, 절대온도 300K) 기준으로 게이트 전압을 최소 60mV 높여야 합니다. 수백만 배의 최대(on 상태)/최소(off 상태) 전류 차를 원한다면 트랜지스터를 켜고 끄는 데에 수백만mV의 게이트 전압 차가 필요하겠지요. 그래서 연구자들은 지난 10년이 넘는 시간 동안, 퍼텐셜 에너지 장벽 높이를 변경하지 않고 차라리 설계를 바꾸는 전략을 연구해왔습니다. 소스와 채널 사이의 터널링(tunneling) 거리를 변경하는 것이죠. 이렇게 구현한 것이 바로 터널 트랜지스터입니다. 그러나 터널 트랜지스터의 경우, 더 낮은 전압으로 켜고 끌 수는 있지만 전류 특성이 좋지 않습니다. 시모스(CMOS) 소자만큼 충분히 높은 켜진(on) 상태 전류를 제공하지 못하여 성능이 떨어지죠. 그리고 전류를 한 방향으로만 전도할 수 있어서, 회로 아키텍처에 제한이 생깁니다. 설계 변경으로 개발한 다른 대안적 소자들도 마찬가지입니다.

이렇게 미세화 측면에서는 성공적이었던 대안적 소자들이 전류 특성이나 기능성, 아키텍처에 있어서 한계를 보인 원인이 무엇일까요? 반도체 업계의 각 기술 영역이 분업화되어 있었던 것도 한 원인이 됐을 겁니다. 소자를 연구하는 사람들은, 소자의 물리적 크기를 줄이고 구동전압을 낮추는 데에만 집중합니다. 알고리즘이나 아키텍처 설계자 등 다른 분야에 있는 사람들과는 잘 소통하지 않죠. 지난 10여년 동안 저전압 CMOS 기술을 개발하려는 노력이 많았음에도 불구하고 이렇다 할 진전이 없던 이유가 여기에 있습니다. 터널 트랜지스터의 기능적 한계나 아키텍처 문제도 이 같은 관점에서 해석할 수 있겠지요. 보다 극적인 변화를 일으키려면 아키텍처와 알고리즘을 연구하는 사람들이 차세대 스위칭 소자를 설계하는 사람들과 더 유기적으로 협업해야 합니다. 결국, 기술의 문제도 소통의 문제로 귀결하는 것이죠.

**기술이 발전하는 방식은 진화(evolution)와
혁신(revolution) 두 가지로 나뉜다고 합니다.
반도체 기술에서 진화와 혁신이란 무엇일까요?
예시를 통해 설명해주실 수 있나요?**

수재 킹류

진화는 무어의 법칙을 계속 이어가는 겁니다.

제조 비용을 늘리지 않으면서 트랜지스터를 더 작게 만들고, 여러 개의 트랜지스터를 쌓아서 최대한 칩에 많이 집적하는 것이죠. 각 트랜지스터는 단순한 기능을 갖지만, 많이 모이면 훨씬 복잡한 기능을 수행할 수 있습니다. 이것이 향후 최소 10년까지는 더 갈 수 있는 진화적 방법입니다. 그러나 트랜지스터 밀도를 아무리 높여도 구동전압이 낮아지지 않으면 다른 문제가 생깁니다. 각각의 트랜지스터가 에너지를 소모하기 때문에, 트랜지스터 밀도가 높아질수록 전력 밀도도 높아집니다. 전력 공급과 냉각에 한계가 있어서, 칩의 모든 영역을 계속 켜 놓지 못하고 일부 회로는 일정시간 동안 꺼줘야 합니다. 이러한 음영 지역을 '다크 실리콘(dark silicon)'이라 부릅니다.

진화의 길은 이렇게 근본적인 한계가 있지만, 제조 공정 기술은 현실적으로 진화를 통해 발전할 수밖에 없습니다. 혁신적인 발전도 제조 측면에서는 실용적이어야 하니까요. 궁극적으로는 우리가 아무리 혁신적 발전을 추구한다고 할지라도, 진화에 기댈 수밖에 없는 영역도 분명 존재합니다.

혁신은 완전히 새로운 컴퓨팅 아키텍처를 개발하는 것입니다.

뉴로모픽(neuromorphic) 컴퓨팅이 대표적인 예입니다. 인간 뇌의 구조적, 기능적 기본 단위인 뉴런(neuron, 뇌세포)은 수많은 입출력 신호를 통해 수천 개의 다른 뉴런과 상호작용합니다. 그러면서도 우리 뇌에는 전압이 특히 높은 곳도, 낮은 곳도 없습니다. 반면, 트랜지스터를 기반으로 한 오늘날의 집적 회로는 제한적인 수의 소자들이 서로 연결되어 고작 1개의 출력만을 생성할 뿐입니다. 인간의 뇌를 모방하려는 시도가 있을 법하죠.

양자컴퓨팅 기술도 발전하고 있지만, 아직은 제대로 작동하는 큐비트(quantum bit, qubit) 시스템을 만들기가 어렵습니다. 기술에 따라서 큐비트를 제어하려면 아주 낮은 온도가 필요하기 때문에 냉각에 들어가는 에너지도 상당합니다. 이러한 제약 때문에, 양자컴퓨터는 특정 유형의 연산 문제를 풀 때에 한해서만 기존 컴퓨터보다 유용하게 쓰일 것입니다.

다른 예로, 발진기(oscillator)를 바탕으로 한 아이징(Ising) 아키텍처도 있습니다.

이처럼 다양한 기술로 구현한 차세대 아키텍처는 경우에 따라 전통적인 폰 노이만(von Neumann) 아키텍처보다 훨씬 뛰어난 성능을 발휘하기도 합니다. 앞으로 더 많은 컴퓨팅 아키텍처를 보게 될 것입니다. 그리고 이 모든 것들이 하나의 패키징으로 통합될 수 있겠지요. 최적의 에너지 효율과 성능을 위해서는, 하나의 대안에 기대기보다는 다양한 접근을 해야 합니다.

사이프 살라후딘

진화와 혁신에 대한 제 생각은 킹류 교수님과 거의 같습니다. 반도체 업계에서는 진화를 통해 혁신이 이뤄질 것입니다. 매년 15~20%씩 성능이 개선되면, 4~5년 뒤에는 성능이 두 배가 됩니다. 지난 7~8년을 돌이켜 보면, 해마다 서서히 발전한 것이 쌓여 혁신적인 결과가 생겨났음을 알 수 있습니다. 특히 반도체의 모든 기술은 확장성이 뛰어난 제조 방식으로 구현되어야 하기 때문에, 뭔가가 갑자기 나타나서 모든 것을 바꿔 놓을 가능성은 매우 낮습니다.

FEOL 쪽에서 앞으로 진화를 통한 혁신을 기대해볼 수 있는 분야는 게이트 스택(gate stack)입니다. 과거 20년간은 주로 새로운 채널 소재를 찾는 데에 매진했지만 큰 성공을 거두지 못했습니다. P타입 트랜지스터에서 고속(high mobility) 채널이 쓰이기 시작했지만, 그밖에는 이렇다 할 성과가 없었지요. 하지만 그동안 연구 데이터가 많이 쌓였기 때문에, 향후 10년 안에는 혁신적인 변화가 있을 거라고 기대합니다. 비슷한 관점에서 저는 강유전체가 매우 흥미로운 소재라고 생각합니다. 네거티브 커패시턴스 특성을 이용하여 누설전류를 줄일 수 있다는 점이나, 내장 메모리 기술을 실현할 수 있는 소재라는 점에서 그렇습니다. 이런 식으로 계속 진화를 거듭하다 보면 컴퓨팅 방식에서 혁신이 일어나게 될 것입니다.

실제로 혁신이 일어나고 있는 분야를 하나 더 꼽자면, 이종 집적(heterogeneous integration) 기술입니다. 현재의 실리콘 인터포저나 패키징 기술을 보면, 패키지 자체에 새로운 기술이 내장될 날도 머지않은 듯합니다. 패키지에 내장된 기술은 궁극적으로 반도체 전체에 새로운 기능을 더해주어 성능 향상으로 이어질 것입니다.

최창환

저는 혁신보다는 진화의 길에 대해서 먼저 말씀드리겠습니다. 재료공학을 전공한 사람으로서 특히 소재에 초점을 맞추어 보겠습니다.

우리는 반도체 성능을 높이기 위해 트랜지스터 미세화에 주력해 왔습니다. 그러나 접촉 저항이나 배선의 개선 없이는 미세화의 이점을 제대로 누릴 수 없습니다. 이를 고급 스포츠카가 교통 체증 때문에 마음껏 달리지 못하는 상황에 비유하는 사람도 있습니다. 지금까지는 배선 재료로 텅스텐을 사용해왔습니다. 텅스텐 배선에는 질화티타늄(titanium nitride, TiN)으로 된 일종의 확산 방지층과, 핵생성층(nucleation layer)도 필요한데, 미세화 전략에 따라 피치를 줄이다 보면 이런 부수적인 층들을 넣을 공간이 거의 안 나옵니다. 게다가 이런 소재는 저항을 줄이는 데에도 좋지 않습니다. 따라서 새로운 소재, 새로운 공정으로의 전환이 필요합니다. 몰리브덴(Mo), 루테늄(Ru), 코발트(Co) 등이 대안이 될 수 있습니다. 신소재 발굴은 공정 기술 개발과도 직결되는데, 미세한 홈을 어떻게 채울지 새로운 기술을 고안해야 합니다. 트랜지스터 미세화 외에도 배선과 접촉면에 대한 관심이 반드시 필요하다는 점을 강조하고 싶습니다.

다른 측면에서 반도체 성능을 향상시키는 진화적 방법으로는 이종 집적이나 모놀리식(monolithic) 집적을 들 수 있습니다. CPU나 GPU제조에는 첨단 공정이 필요하지만, 전통적인 기술로 제조해야 하는 반도체 칩도 있습니다. 그런 종류의 칩들은 하나로 모아서 집적하는 게 중요합니다. 이때 충분한 입출력 단자를 확보하려면, 사실상 이종 접적이나 모놀리식 집적밖에 방법이 없습니다. 이러한 3D 집적기술이 반도체 발전을 견인하는 진화적 방식의 좋은 예라고 하겠습니다.

반도체 업계는 아주 보수적입니다. 시설 투자에 막대한 비용이 들기 때문에, 기존 생산 라인에 타격이 갈 수 있는 혁신적 공정을 흔쾌히 도입하려 하지 않습니다. 하지만 궁극적으로는 폰 노이만 구조에서 양자컴퓨팅이나 뉴로모픽 컴퓨팅으로 바뀌어야 할지도 모릅니다. 특히, 뉴로모픽 컴퓨팅은 최근 많은 관심을 받고 있어서, 향후 10년 내에 모종의 성과가 나올 수도 있습니다. 필요가 곧 발명을 낳으니까요. 하지만 양자컴퓨팅의 경우에는 제가 아는 한 큐비트를 구현하기가 상당히 어렵습니다. 그래서 뉴로모픽 컴퓨팅 이후에 현실화되지 않을까 생각합니다.

요약하면, 진화의 길은 접촉 저항, 배선, 3D 집적에 있고, 혁신의 길은 양자컴퓨팅과 뉴로모픽 컴퓨팅 같은 새로운 구조에 있다고 하겠습니다.

향후 10년 내에 CMOS 기술을 대체하고 반도체 업계의 경쟁 구도를 재편할 신기술이나 대안 기술은 무엇일까요? 예를 들어, 스타트업에서 나온 획기적인 아이디어가 반도체 산업을 재구성하는 게임 체인저가 될 수도 있을까요? 실리콘 밸리나 UC버클리에서는 혁신을 향한 어떤 움직임이 일어나고 있나요?

사이프 살라후딘

이런 질문에는 항상 아니라고 답하는 게 가장 쉽습니다. 뭔가가 갑자기 나타나서 기존의 기술을 완전히 뒤엎어 버리기는 굉장히 어렵기 때문입니다. 하지만 이 질문에 저는 그럴 것 같다고 답하고 싶습니다.

UC버클리 전자컴퓨터공학부 동료 교수인 에드워드 리(Edward A. Lee)는 최근 발간한 책(『공진화: 인간과 기계의 뒤얽힌 미래(The Coevolution: The Entwined Futures of Humans and Machines)』, 2020)에서, 정보이론 접근법을 활용하여 컴퓨팅 시스템의 발달 방식에 실제 진화와 유사한 점이 많다는 것을 보여줬습니다. 이를 바탕으로 진화는 굉장히 공고하다고 주장하죠. 운석이 떨어져서 공룡이 멸망하는 것 같은 상황이 아니고서는 진화에 급격한 변화를 가하기는 매우 어렵습니다. 같은 관점에서 리 교수는 컴퓨팅 시스템에 하루아침에 획기적 변화가 일어나지 않을 것이며, 갑자기 새 아이디어가 나타나서 모든 걸 바꾸는 일은 없을 것이라고 주장합니다. 공급망과 인프라 등 수많은 것들이 현존 기술에 맞춰 구축됐기 때문입니다.

그러나 저는 반도체 업계에도 소위 '테슬라 모멘트(Tesla Moment)'가 올 수 있다고 봅니다. 반도체 산업과 자동차 산업에는 유사점이 많습니다. 둘 다 굉장히 자본집약적이죠. 초기 자본이 많이 들어 진입 장벽이 높고, 자리잡기까지도 오랜 시간이 걸립니다. 하지만 테슬라의 사례를 보면, 체계적인 계획을 바탕으로 장기적인 사업을 계획했다는 것을 알 수 있습니다. 처음 캘리포니아 프레몬트(Fremont)에 천막 공장을 세웠을 때에는 생존조차 어려웠는데, 지금 테슬라가 어떤지 보세요. 저는 반도체 업계에서도 그런 일이 발생할 수 있다고 봅니다. 아주 똑똑하고 비전을 가진 사람이 나타나서 시스템 수준의 장치나 솔루션을 바탕으로, 제조 방식뿐 아니라 업계의 일하는 방식 자체를 바꿔 놓는 것입니다. 하지만, 그럼에도 불구하고 반도체가 CMOS 기술에서 급격하게 탈피할 가능성은 매우 낮을 것 같습니다.

수재 킹류

저도 살라후딘 교수님 의견에 대체로 동의합니다. CMOS 기술이 가지고 있는 관성 때문에 갑자기 이 기술을 밀어내기가 쉽지는 않을 것입니다. 수백억 개의 트랜지스터가 들어있는 제품을 설계하는 방식을 어떻게 몇 년 만에 뒤바꿀 수 있을까요? CMOS는 이미 수많은 제품에 사용되고 있는 만큼, 설계 인프라가 풍부하고 설계 자동화도 많이 이루어져 있습니다. 오랜 세월 동안 설계 자산(IP, Intellectual Property: 집적회로 내에 구현되기 위해 미리 정의된 일종의 회로 블록)도 축적되었죠. 이렇게 관성이 너무 강하기 때문에 CMOS를 완전히 대체하기는 어렵습니다.

그러나 누군가가 CMOS로는 절대 달성할 수 없는 기술을 만들어낸다면 기회는 있다고 봅니다. 살라후딘 교수님이 언급한 것처럼, CMOS가 매년 10~15%씩 개량된다면, 5~10년 뒤에는 몇 자릿수 단위로 개량되어 있을 겁니다. 그러니까 어떠한 혁신적 아이디어든 이보다는 몇 자릿수 더 뛰어난 가치를 제공해야 매력적이겠죠. CMOS로는 절대로 불가능한 혁신이 나온다면 업계에 엄청난 변화를 일으킬 수 있다고 봅니다.

최창환

오늘날 기업이 반도체 팹(fab, fabrication facility) 하나를 건설하는 데 드는 비용은 10조원에서 15조원에 이릅니다. 이러한 생산 시설이 반도체 칩 제조의 근간입니다. 기업은 이 정도 비용을 투자한 CMOS 기술을 쉽게 바꾸지는 않을 겁니다.

그러나 CMOS 기술의 활용 영역이 확장될 수는 있습니다. 살라후딘 교수님이 테슬라에 대해 말씀하셨는데, 테슬라는 자율주행차 반도체 HW 4.0을 자체 개발하고 파운드리(foundry)

기업과 협력해 제조했습니다. 애플도 자사의 M1 반도체 기술을 전기차에 적용하려고 합니다. 이런 노력들이 CMOS 산업 전반으로 확산하면서, CMOS 기술은 사라지지 않고 계속 진화할 것입니다.

최종현학술원의 주요 미션 중 하나는 과학혁신과 지정학 리스크의 상호작용을 연구하는 것입니다. 반도체 산업도 국제관계나 지정학적 변수에서 자유로울 수 없는데요, 다음과 같은 가상의 시나리오를 생각해보겠습니다.

바이든 정부가 주요 반도체 칩 공급을 자국 내에서 조달하기 위해, 동맹국들을 중심으로 반도체 컨소시엄을 제안했다고 합시다. 한국은 중국과의 긴밀한 무역 관계 때문에 쉽게 응할 수 없는 위치에 있습니다. 중국은 한국이 이 컨소시엄에 가입하면 한·중 무역이 위태로워질 것이라고 엄포를 놓습니다. 반대로 참여하지 않으면 무역에서 일정 부분 이익을 양보하겠다고 제안합니다.

이러한 상황에서 우리는 어떻게 건강한 반도체 공급망 또는 생태계를 구축할 수 있을까요? 기술 전문가 관점에서 어떤 조언을 해 주실 수 있을까요? 사실

이 시나리오는 한국의 반도체 산업이 앞으로 극복해야 할 문제가 무엇인지에 관한 질문이기도 합니다.

수재 킹류

아주 흥미로운 시나리오네요. 답변하기 쉽지 않은 질문입니다.

기술 발전 과정에서 경쟁과 협력은, 여러 기업과 국가가 함께 참여하여 모두에게 돌아갈 혜택을 만들어낸다는 점에서 기본적으로 좋은 것입니다. 한국 입장에서는, 합작 투자를 하거나 협력 파운드리를 설립하는 등 여러 가지 방법이 있을 겁니다. 한국 기업이 FEOL 공정을 제공하고 미국에서 기타 주요 공정을 진행하는 방식도 가능하겠죠. 미국과 중국이 요구하는 제조 요건을 모두 충족시킬 수 있는 창의적인 비즈니스 모델이 분명 있을 겁니다.

사이프 살라후딘

아주 어려운 시나리오를 만드셨네요. 이번에도 킹류 교수님의 말씀에 동의합니다. 정치적으로, 경제적으로 한 국가가 택할 수 있는 합리적인 대응이 무엇인지는 기술 너머의 영역이기 때문에 말씀드리기가 어렵습니다. 하지만 그런 상황이 온다면 한국이 미국과 신뢰할 수 있는 파운드리를 함께 운용하면서, 그 신뢰를 위반하지 않고 중국과 무역 파트너십을 유지할 방법이 있을 것이라고 확신합니다. 예를 들어, 미국에는 상업적

하청과 국방을 위한 정부 하청을 겸하고 있는 파운드리가 여럿 있습니다. 이런 업체들은 사업을 철저하게 분리하여 기밀을 보호, 유지하기 때문에 미국 정부에 신뢰를 얻으면서 파운드리 사업을 잘 하고 있습니다.

경쟁은 항상 있을 겁니다. 그런 점에서 저는 열린 혁신이 매우 중요하다고 생각합니다. 한국은 열린 혁신에 참여하고, 기본적으로 기술력으로 경쟁해야 합니다.

최창환

주요 칩 제조국의 안보에 대해 걱정하는 사람이 많습니다. 오늘날 반도체 칩 대부분은 동아시아에서 제조됩니다. 코로나19로 인해 반도체 품귀 현상이 더욱 심해지고 있어서, 특정 지역에 생산을 의존하는 구도를 탈피하려는 움직임도 활발히 일고 있습니다.

반도체 칩 제조가 특정 지역에만 몰려 있는 문제를 어떻게 해결할까요? 바이든 대통령은 미국 반도체 산업의 회복탄력성(resilience)을 키우려고 노력 중입니다. 인텔은 파운드리 사업을 부활시키겠다고 발표했고, TSMC와 삼성은 애리조나나 텍사스에 공장을 지으라는 압력을 받았습니다. 중국 역시 반도체 굴기를 이어가고 싶어합니다. 저는 한국이 미·중 패권 경쟁의 한 쪽에 서지 않고 양국을 중재해야 한다고 생각합니다. 한국이 보유한 우수한 제조 기술을 매개로 두 국가의 연결고리 역할을 해야 합니다.

한편 한국의 반도체 산업은 제조에는 아주 강하지만, 회로나 소프트웨어 설계가 약점입니다. 아직 생태계가 완성되지 않았습니다. 한국 기업과 정부가 약한 부분을 파악해서 국제적 협력 관계를 통해 이를 보완해야 합니다.

이 시점에서 극자외선(EUV, extreme ultraviolet) 포토리소그래피(photolithography) 장비의 주요 공급처인 네덜란드의 다국적 기업 ASML(Advanced Semiconductor Materials Lithography) 이야기를 해보겠습니다. 이 장비 없이는 10nm 이하 CMOS 기술을 구현할 수 없습니다.

인텔의 패트릭 겔싱어(Patrick P. Gelsinger)는 2021년 CEO로 취임한 직후 파운드리 사업을 재개하겠다고 공식 발표했습니다. 목표 기술 노드는 10nm 이하일 것이고, 그렇다면 네덜란드나 유럽연합으로부터 EUV 장비를 대량으로 구입해야 할 텐데 인텔의 파운드리 사업 진출에 대해 어떤 의견을 가지고 계신가요?

수재 킹류

인텔은 종합반도체기업(IDM, integrated device manufacturer) 2.0

비전의 일환으로 글로벌 파운드리로 성장하려고 할 겁니다. 앞에서도 언급됐듯이, 반도체 업계가 기술 혁신에 쉽게 비용을 투자하지 못하는 이유는, EUV 장비 등 필요한 설비가 단지 한 세대만큼의 발전을 위해 구매하기에는 너무 비싸기 때문입니다. 기업이 그 비용을 감당할 수 있어야 하고, 막대한 투자금을 회수할 수 있는 수익이 따라와야 새로운 설비에 투자할 수 있습니다. 인텔은 파운드리 사업을 통해 더 많은 반도체 칩을 제조하게 되겠죠. 직접 생산을 통해 기술력을 더 빠르게 키우는 동시에, 매출을 높여 얻은 수익으로 기술 개발에 투자하는 선순환을 기대할 수 있습니다.

여기에는 물론 넘어야 할 산이 있습니다. 새로운 기술을 빠르게 도입하기 위해서는 결국 생산량을 늘리는 게 핵심인데, 쉽지가 않습니다. 이런 측면에서 TSMC 같은 파운드리 전문 기업은 확실한 노하우를 갖고 있죠. 많은 고객사를 보유하고 있고, 오랜 경험을 바탕으로 상당한 양의 웨이퍼를 생산해냅니다. 새로운 설비를 도입한 이후 양산에 빠르게 도입하여 비용을 회수하고, 다시 차세대 설비에 투자할 수 있어요. 인텔 같은 IDM이 혁신을 지속하려면 파운드리 생산량을 어떻게든 늘려야 합니다.

반도체의 발전은 우리의 삶을 크게 바꿔 놓았습니다. 1990년대에는 PC가, 2000년대에는 인터넷이, 2010년대에는 스마트폰이 큰 변화를 주도했죠. 2020년대의 키워드는 'ABCD'가 아닐까 합니다. A는 AI, B는 빅데이터(big data), C는 클라우드(cloud), D는 데이터 분석(data analysis) 또는 디지털 전환(digital transformation)을 의미합니다. 반도체가 지금의 삶을 엄청나게 바꿔 놓았듯이, 앞으로 이 ABCD가 인류의 삶을 다시 바꿔 놓을 겁니다.

반도체의 미래를 책임지고, 나아가 패러다임 전환을 주도할 우리 학생들은 지금부터 무엇을 공부하는 게 좋을까요? 대학에 소속된 교육자로서 앞으로의 10년을 전망할 때 어떤 커리큘럼을 학교에서 제공해야 할지 의견을 부탁드립니다. 기본에 충실해야 할까요? 아니면 응용을 더 가르쳐야 할까요?

사이프 살라후딘

앞서 제 강연에서 말씀드렸듯이, 반도체 산업에서는 설계기술 공동최적화(DTCO, design-technology co-optimization)가 중요합니다. 학생들에게는 어떤 분야를 깊이 파고들기 전에 산업 전반을 조망하는 안목을 갖춰야 한다고 조언하고 싶습니다.

이미 잘 확립된 컴퓨팅 아키텍처가 있는 상태에서, 기존의 것을 대체할 만한 새로운 기술을 개발하는 게 정말 어렵기 때문입니다. 소재, 아키텍처, 소자 등 세분화된 영역 각각에서 새로운 것을 개발하려는 노력이 매우 활발합니다. 예를 들어 디램(DRAM)과 플래시 메모리만 봐도, 수많은 메모리 소자와 공정 기술이 새롭게 시장에 진입하려고 치열한 경쟁을 벌이고 있습니다. 이 많은 시도들의 잠재력을 제대로 이해하고 미래를 내다보려면, 산업 전반에 대한 이해가 반드시 있어야 합니다.

최창환

지금까지의 토론에서 이 질문에 대한 힌트가 충분히 나온 것 같습니다. 제 전공 분야인 신소재공학에서는 대다수 학생들이 재료 관련 수업을 듣습니다. 하지만 그것만으로는 반도체를 개발할 수 없습니다. 더 종합적인 커리큘럼을 제공해야 합니다. 저는 전자 소재나 소자 물리학도 가르치고 있습니다. 가능하다면 학생들에게 회로나 시스템에 대한 수업도 듣게 해야합니다. 최근 연구 트렌드는 전체론적(holistic) 접근법입니다. 가르치는 것도 전체론적인 접근법을 따라야 한다고 생각합니다.

수재 킹류

UC버클리의 전자컴퓨터공학부 교수들은 학생들이 일찍부터 응용에 대해 잘 이해할 수 있도록 하드웨어 수업을 개편하는 방안을 고민한 적이 있습니다. 전자공학이 휴대전화, 노트북, 클라우드 컴퓨팅 등을 실현하는 기술임을 알게 되면 학생들이 전자공학에 관심을 갖게 됩니다. 최창환 교수님이 말씀하신 내용과도 일맥상통합니다. 전체론적인 시각이죠. 학생들은 칩과 같은 정보 시스템이 어떻게 구성되는지 전체적으로 먼저 이해할 필요가 있습니다. 그러면 각 부분이 어떤 기능을 하는지, 트랜지스터는 무슨 기능을 하는지, 소재와 공정이 어떤 차이를 만들어내는지 더 공부하고 싶은 호기심을 불러일으킬 수 있죠.

큰 그림부터 시작해서 세부적으로 들어가는 것이 이 분야 최고의 학생들을 유치하는 새로운 공학 교육 방식이라고 생각합니다. 수학부터 배우고, 물리학을 배우고, 그 다음에 회로를 배우는 예전 방식으로는 학생들이 유용한 지식을 배우는 데 3~4년이 걸립니다. 요즘 학생들에게는 그 정도의 인내심이 없습니다. 해당 업계에서 일할 때 바로 활용할 수 있는 지식을 원하죠. 자신이 배우는 지식이 산업과 현실 세계에 어떻게 활용되는지 궁금해하기 때문에 교육도 여기에 맞춰져야 합니다.

새로운 패러다임을 만들기 위해서 공학자를 꿈꾸는 학생들은 다양한 분야를 공부해야 합니다. 재료공학이나 물리학이 전자와 컴퓨팅의 전부는 아닙니다. UC버클리에서는 공학 학위 취득에 필요한 요건을 바꿔서 학생들이 다른 분야도 함께 전공하기 쉽게 만들려고 노력 중입니다. 공학도들은 자연

과학, 사회과학, 인문학에도 관심을 가질 필요가 있습니다. 공학은 미래의 시스템을 설계하는 학문입니다. 인간이 살아가고, 아이들이 자라나고, 사회가 운영되는 방식, 심지어 우리가 무엇을 믿는 방식도 공학의 산물로부터 중대한 영향을 받습니다. 이런 차원에서 앞으로 공학자들은 기술뿐 아니라 인간의 사회적 행동에 대해서도 최대한 배우려고 노력해야 합니다. 기계나 장치도 결국 인간을 위해서 설계하는 것이니까요.

기술은 인간을 위해 탄생하지만, 사실 우리는 스스로를 잘 모릅니다. 오늘날 소셜 미디어를 보면, 본래 인간을 이롭게 하기 위해 만들어진 기술 플랫폼이 온갖 의도치 않은 부정적 결과도 함께 낳고 있죠. 앞으로의 공학도들은 사회의 지도자가 될 준비를 해야 하고, 사회에 적극적으로 참여해야 합니다. 사회적으로 깨어 있는 공학자가 되는 것이 우리 사회의 발전과 사회적 가치 창출을 위해 앞으로 더욱 더 중요해질 겁니다.

용어해설집

- HDL(hardware description language)**:**
디지털 시스템의 구조와 동작을 기술하는 데 사용하는
컴퓨터 언어.

- IDM(integrated device manufacturer)**:**
반도체 개발, 설계에서 생산까지 모두 담당하는
종합 반도체 회사.

- RC 지연(resistance-capacitance delay)**:**
반도체 집적도가 높아질수록, 저항과 커패시터로 구성된
회로에서 커패시터를 충·방전시키는 데 걸리는 시간 때문에
전기신호 전달이 지연되는 현상. '저항×커패시턴스'에
비례하여 전기신호가 지연된다. 반도체 공정 기술 고도화로
저항과 커패시턴스 값이 감소하여, 전기신호 지연 시간이
단축되고, 더욱 빠른 연산 속도를 갖춘 디지털 반도체
집적회로 구현이 가능해졌다. '커패시턴스' 항목 참조.

- SOI(silicon-on-insulator):

실리콘 웨이퍼 내부에 매우 얇은 절연 산화막(BOX, buried oxide)을 가진 웨이퍼를 SOI 웨이퍼라고 함(보통 웨이퍼 표면 기준으로 10nm 정도 안으로 들어간 곳에 10nm~50nm두께의 산화막을 형성시킴). 웨이퍼 표면 위에 제작되는 트랜지스터의 채널영역 아래쪽 공간을 완전히 공핍(fully depleted)시키는 반도체 소자는, FDSOI(fully depleted silicon-on-insulator) MOSFET 이라고 부름. 전자가 소스에서 채널을 거쳐 드레인으로 이동할 때 발생하는 기생 커패시턴스(parasitic capacitance)를 낮추고 누설 전류도 크게 감소시킨다.

- SSD(solid-state drive) 기술:

마그네틱 판의 물리적 회전을 이용하여 정보를 저장하는 하드 디스크 드라이브(HDD, hard disc drive)의 단점을 극복한, 플래시 메모리 기반의 저장 장치. HDD와 SSD 모두 비휘발성 메모리이지만, SSD가 HDD에 비해 정보를 읽고 쓰는 속도가 더 빠르다. '비휘발성 메모리' 항목 참조.

- 강유전체(ferroelectrics):

외부의 전기장이 없어도 스스로 분극 상태를 유지할 수 있는 물질로서, 외부 전기장에 의하여 분극의 방향이 바뀔 수 있다.

- 고유전율(high-k)·저유전율(low-k):

이산화규소(SiO_2)를 기준으로 이보다 높은 유전상수 값을
가지는 유전체 소재를 고유전율, 낮은 경우를 저유전율
소재로 분류한다. k(kappa)는 유전상수(dielectric constant)를
뜻한다. '유전율' 항목 참조.

- 그래픽처리장치(GPU, graphics processing unit):

그래픽과 영상 처리에 특화된 연산 장치. 반복적이고 대량의
벡터 연산을 병렬적으로 처리할 수 있어서, 범용 CPU보다
영상 데이터 처리 속도가 빠른 장점이 있다.

- 기술 노드(technology node)·노드(node):

반도체 제조공정 기술의 미세화 정도를 가늠하는 지표로서,
노드 값이 작을수록 미세화가 많이 된 것으로 본다. 새로운
반도체 공정 기술이 발표될 때, 노드 값 자체가 그 기술을
상징하는 '노드명(名)'이 되었으나, 100nm 이하 기술에서는
기술 노드명(45nm, 32nm, 22nm, 14nm, 10nm, 5nm, 3nm …)은
상징적인 수치일 뿐, 실제로 해당 기술로 만든 반도체 소자의
주요 물리적 크기는 노드명이 지칭하는 수치보다 크다.
'미세화', '피치' 항목 참조.

- 넷리스트(netlist):

집적회로 내 구성 셀, 회로 블록들과 이들의 연결 상태에 대한 정보.

- 뉴로모픽(neuromorphic):

인간의 뇌를 모방한 반도체 기술.

- 다이(die):

웨이퍼를 격자 모양으로 자른 후 얻어진, 동일한 크기의 사각형 칩 조각 하나하나를 지칭하는 말.

- 도핑(doping):

불순물을 주입하여 반도체의 전도성을 높이는 공정.

- 디램(DRAM, dynamic random-access memory):

전원이 공급되어야 데이터를 유지할 수 있는 RAM. '램', '에스램' 항목 참조.

– 램(RAM, random-access memory):

프로그램이 수행되는 동안, 중앙처리장치(CPU) 등에게
빠른 데이터 접근성을 제공하기 위해, 단기간 동안 정보를
저장하는 메모리 장치. 저장된 데이터에 순차적이 아닌 임의
순서로 접근할 수 있도록 설계되어 있다. 저장된 정보를
읽어내기도 하고 다른 정보를 기억시킬 수도 있어서, 읽기 전용
메모리인 롬(ROM, read-only memory)과 대비된다. 램은
휘발성인 반면, 롬은 비휘발성이다. '비휘발성 메모리'
항목 참조.

– 리소그래피(lithography):

마스크(mask)에 그려진 미세 회로 패턴을 실리콘 웨이퍼 위에
전사(print)하는 미세 가공 기술. '포토리소그래피(photo-
lithography)'라고도 칭한다.

– 룩업 테이블(LUT, lookup table):

주어진 연산에 대해 미리 계산한 결과를 저장한 표. 각각의
입력값에 대응하는 출력값의 배열을 일종의 해답표로 가지고
있어서, 연산 횟수를 줄여 자료를 변환할 수 있다.

반도체의 미래

– 메인프레임 컴퓨터(mainframe computer):

연산처리 속도가 빠르고 데이터 저장 용량이 대형인 컴퓨터.
컴퓨터 공학이 발전할수록 과거의 메인프레임 컴퓨터로
가능했던 작업들을 작은 소형 컴퓨터 기기로 수행할 수 있게
됨에 따라, 점차 모호해져가는 개념이다.

– 모스(MOS, metal-oxide-semiconductor):

실리콘 웨이퍼 위에 실리콘 산화막을 형성하고, 그 위에
게이트를 배치한 구조를 지칭. 초창기에는 게이트를 금속
재질로 만들어서 '금속산화물 반도체'라고도 불렸다.

– 모스펫(MOSFET,
  metal-oxide-semiconductor field-effect transistor):

금속산화물 반도체 전계효과 트랜지스터. 게이트 전압을
인가하여, 소스에서 드레인으로 이동하는 전자의 흐름을
제어하는 방식으로 작동. 두 개의 단자(소스와 드레인) 사이에
흐르는 전류를 제3의 단자(게이트)에 인가된 전압으로
제어하는 것이 특징이다.

– 무어의 법칙(Moore's Law):

인텔의 공동창업자 고든 무어가 주창한, 반도체 집적회로의
성능이 약 24개월마다 2배로 증가한다는 경험적 관찰에
바탕을 둔 법칙.

– 문턱전압(Vth, threshold voltage):

모스펫에서, 드레인에서 소스로 전류가 흐를 수 있는 채널을
형성하기 위해 게이트에 인가해야 하는 최소한의 전압.
문턱전압 이상에서만 소자가 작동한다.

– 미세화(scaling):

반도체 단위 면적당 집적되는 반도체 소자 수를 높이기 위한
기술. 2000년대 초반까지는 2차원 평면상에서 트랜지스터
크기와 피치(pitch)를 줄이는 '기하학적(geometric)' 미세화
기술이 주를 이루었으나, 최근에는 3차원적으로 소자 및
회로블록을 쌓는 3D 집적이 주요하게 자리매김하고 있다.

– 배선(interconnect):

반도체 집적회로 내의 여러 소자와 부품을 금속 도선으로 서로
연결해주는 시스템, 혹은 '금속 배선 공정(metallization)'을
칭하는 말.

– 밴드갭(band gap):

가전자대(valence band)와 전도대(conduction band) 사이의
에너지 차이를 지칭. 가전자대의 전자가 밴드갭 혹은 그 이상의
에너지를 얻으면 전도대로 이동하여, 원자에 구속되지 않는
자유전자(free electron)가 된다. 도체의 경우 가전자대와
전도대가 중첩되어 밴드갭 없이 많은 자유전자를 발생시키며,
부도체(절연체)는 밴드갭이 매우 커서 자유전자를 얻기 어려운
반면, 반도체의 경우 이 둘의 중간 정도의 비교적 낮은
밴드갭을 가진다.

– 범프(bump):

반도체 칩을 인쇄회로기판에 연결해주는 작은 금속 돌기.

– 비아(via):

반도체 집적회로 내의 위층 배선과 아래층 배선을 이어주는
기둥 형태의 전극 (여러 층을 가진 반도체 집적회로의 경우,
비아1, 비아2, …, 비아N이 존재함).

– 비휘발성 메모리(non-volatile memory):

전원이 끊어진 상태에서도 정보를 유지하고 있어 전원이
공급되면 다시 저장된 정보를 사용할 수 있는 메모리.

- 생활환경지능(AmI, ambient intelligence):

기술 및 시스템을 인간 주위 생활 환경과 결합하여 인간 생활
안전과 질 향상을 위해 사용하는 네트워크.

- 스핀트로닉스(spintronics):

전자가 가지고 있는 전하량이 아닌 스핀량에 기반해서 정보를
처리하는 정보 기술.

- 시모스(CMOS,
  complementary metal-oxide-semiconductor):

n채널을 가진 n형 MOSFET과, p채널을 가진 p형 MOSFET을
하나의 웨이퍼 위에 집적하는 것을 CMOS 공정이라고 지칭.

- 아이징(Ising) 모델:

두 상태 중 하나만을 가질 수 있는 입자들로 이루어진 복잡계
시스템을 기술하는 모델. 고체 내 강자성을 설명하기 위한
물리학적 기술로부터 유래했다.

- 어닐링(annealing):

불순물 주입 과정에서 생긴 실리콘 결정 구조를 복원하고,
불순물을 실리콘 결정 구조 내에서 전기적으로 활성화 시키기
위해 웨이퍼를 열처리 하는, 일종의 담금질 과정.

– 에스램(SRAM, static random-access memory):
기억 장치에 전원이 공급되는 한 데이터가 계속 보존되는
RAM. '램', '디램' 항목 참조.

– 에피택시(epitaxy)·에피택셜(epitaxial):
영어의 'on'에 대응하는 그리스어 'epi'와 'arrangement'에
대응하는 'taxy'가 붙여져 만들어진 단어. 하나의 결정체에
규칙적으로 바르게 배열된 결정 성장을 지칭한다. 특히,
웨이퍼를 제조할 때, 기판 위에 일정한 방향성의 단결정을
성장시키는 과정을 에피택시·에피택셜 성장(epitaxy·epitaxial
growth, epi-growth)이라고 한다.

– 웨이퍼(wafer):
반도체 집적회로를 만드는 원형의 얇은 판 모양 재료.
실리콘(Si)을 주성분으로 하는 원기둥 모양의 '잉곳(ingot)'을
얇은 원판 모양으로 썰어서, 한 장의 웨이퍼를 만든다.

– 유전율(permittivity, ε):

유전체(반도체 분야에서는 부도체보다는 유전체라는 용어를 더 많이 사용)의 성질을 나타내는 주요 지표로서, 물질의 양끝에 전위를 가했을 때 축적할 수 있는 전하량이 많은 정도를 나타냄. 전기장 속에서, 도체의 경우 전류가 흐르지만, 부도체는 전류가 흐르지 않고 내부 전하의 분극(polarization)이 이루어지는데, 분극이 잘 되는 부도체일수록 유전율이 높다.

– 이종 집적(heterogeneous integration):

여러 개의 칩을 연결하여 하나의 반도체처럼 작동하게 하는 패키징 기술.

– 인터포저(interposer):

패키지 기판과 칩렛 사이에서 전기가 통할 수 있게 연결해주는 층. 트랜지스터나 다른 소자가 없고 배선층만 있는 일종의 집적회로 칩이며 패키징 방식에 따라 양면 혹은 양면으로 사용한다.

– 전공정(FEOL, front-end-of-line):

웨이퍼 기판 위에 소자를 제작하는 공정을 지칭함. 이러한 소자들을 연결하는 배선 공정은 후공정(BEOL)이라고 한다. '후공정' 항목 참조.

– 제한 볼츠만 머신(RBM, restricted Boltzmann machine):
차원 감소, 분류, 선형 회귀 분석, 특징값 학습 및 주제 모델링에
사용할 수 있는 비지도학습(unsupervised learning) 알고리즘.
AI 분야에서 비지도학습은 데이터의 라벨을 학습하는 것이
아니라 입력 데이터만을 가지고 수행하는 작업을 의미한다.
데이터를 RBM에 입력하고 학습시키면 RBM이 데이터를
스스로 재구성할 수 있다.

– 조합 최적화 문제(combinatorial optimization):
많은 독립 변수들로 구성된 목적함수(objective function)의
최댓값 또는 최솟값을 얻을 수 있는 변수들의 조합을 찾는 문제.

– 중앙처리장치(CPU, central processing unit):
컴퓨터의 '뇌'에 해당하는 핵심 장치. 명령어 해석, 자료
입·출력, 저장, 연산에 이르는 일련의 과정을 제어하는
기능을 한다.

– 커즈와일의 법칙(Kurzweil's Law):

다른 말로는 수확 가속의 법칙(The Law of Accelerating Returns).
1999년 미래학자 레이 커즈와일이 주장한 개념으로, 미래의
기술 발전 속도가 과거의 그것보다 빨라 기술의 성장이
기하급수적으로 일어난다는 법칙. 이에 따르면 2045년
전후로 기술의 특이점(technological singularity)이 도래한다.

– 커패시턴스(capacitance):

커패시터(capacitor, 축전기)가 전하를 축적하는 능력.
'정전용량'이라고도 한다.

– 클럭(clock):

반도체에서 CPU의 작업 속도를 주파수 단위인 'Hz(헤르츠)'로
나타낸 것. 클럭 주파수가 높을수록 CPU 성능이 높다.

– 탄소 발자국(carbon footprint):

개인이나 기업, 특정 제품이 직·간접적으로 배출하는
온실가스(이산화탄소, 메탄 등) 총량.

- 터널링(tunneling)·터널 접합(tunnel junction):

서로 다른 두 개의 재료 사이에 일정한 에너지 장벽이 형성된다.
다만, 그 에너지 장벽의 폭이 수 nm인 경우, 전자의
파동성으로 인해, 전자는 그 에너지 장벽을 터널을 통과하듯이
이동한다. 이를 터널링이라고 지칭하고, 그러한 접합을
터널 접합이라고 한다.

- 트랜지스터(transistor):

전기 신호를 증폭하거나 스위칭하는 데 사용되는 반도체 소자.
MOSFET의 경우, 게이트 전압을 이용하여 소스-드레인
사이의 전류를 제어한다.

- 파운드리(foundry):

다른 업체가 설계한 반도체 제품을 위탁 생산하는 업체.
반대로 반도체 집적회로 설계만 하고 제작은 하지 않는
업체를 '제조설비(fabrication)가 없다(less)'는 의미로
'팹리스(fabless)'라고 부른다.

- 패키징(packaging):

반도체 칩을 전기적·물리적으로 포장한 뒤, 탑재할 기기에
하나의 부품으로서 활용될 수 있는 형태로 만드는 공정.

– 펫(FET, field-effect transistor):

전계 효과 트랜지스터. 게이트에 전압을 걸어 형성된
수직방향의 전기장을 활용한, 다시 말해 전계 효과를 활용하여,
소스와 드레인 사이의 수평방향 전류 흐름을 제어하는
트랜지스터. '모스펫(MOSFET)', '핀펫(FinFET)' 항목 참조.

– 폰 노이만 아키텍처(von Neumann architecture):

폰 노이만이 1945년 제안한 컴퓨터 구조. 중앙처리장치(CPU),
메모리, 입출력 시스템, 프로그램으로 구성되며, 현재의 범용
컴퓨터들이 널리 사용하고 있는 구조.

– 폼 팩터(form factor):

컴퓨터 하드웨어 부품의 크기나 모양 등 구조화된 외형적
특징을 일컫는 말.

– 피치(pitch):

인접한 배선 혹은 게이트 사이에서, 하나의 중심과 다른 것의
중심까지 이르는 최소 거리. 피치 값이 작을수록 반도체
미세화가 잘 되었다고 볼 수 있다. '70nm, 30nm, 20nm,
10nm 급 반도체'와 같은 표현을 통해 미세화의 정도 혹은
대략적인 피치의 수준을 가늠해볼 수 있다.

– 핀펫(FinFET, fin-shaped field-effect transistor):

'fin(상어 지느러미)' + 'FET(field-effect transistor)'.
전류가 흐르는 채널의 모습이 상어 지느러미와 닮아 붙여진
이름. 2D 평면 구조의 한계를 극복하기 위해 도입된
3D 입체 구조의 트랜지스터.

– 후공정(BEOL, back-end-of-line):

반도체 소자(주로, MOSFET)가 만들어진 이후, 소자들의 전기적
연결을 위한 배선 금속층을 제작하는 공정. '전공정' 항목 참조.

참고 문헌

〈1장〉

그림 1-1

Moore, G.E. (2006). Cramming more components onto integrated circuits, Reprinted from Electronics, volume 38, number 8, April 19, 1965, pp.114 ff. *IEEE Solid-State Circuits Newsletter, 20,* 33-35.

그림 1-2

Morgan Stanley Research

그림 1-8

Kurzweil, R. (2006). *The Singularity Is Near: When Humans Transcend Biology.* New York: The Viking Press. p. 67.

⟨2장⟩

그림 2-1

Lichtensteiger, C., Triscone, J. M., Junquera, J., & Ghosez, P. (2005). Ferroelectricity and tetragonality in ultrathin PbTiO3 films. *Physical review letters, 94*(4), 047603.

그림 2-2

Cheema, S. S., Kwon, D., Shanker, N., Dos Reis, R., Hsu, S. L., Xiao, J., Zhang, H., Wagner, R., Datar, A., McCarter, M. R., Serrao, C. R., Yadav, A. K., Karbasian, G., Hsu, C. H., Tan, A. J., Wang, L. C., Thakare, V., Zhang, X., Mehta, A., Karapetrova, E., ⋯ Salahuddin, S. (2020). Enhanced ferroelectricity in ultrathin films grown directly on silicon. *Nature, 580*(7804), 478–482.

그림 2-3

Schroeder, U., Hwang, C., & Funakubo, H. (2019). *Ferroelectricity in Doped Hafnium Oxide: Materials, Properties and Devices*. Sawston: Woodhead Publishing.

그림 2-4

Cheema, S. S., Kwon, D., Shanker, N., Dos Reis, R., Hsu, S. L., Xiao, J., Zhang, H., Wagner, R., Datar, A., McCarter, M. R., Serrao, C. R., Yadav, A. K., Karbasian, G., Hsu, C. H., Tan, A. J., Wang, L. C., Thakare, V., Zhang, X., Mehta, A., Karapetrova, E., ⋯ Salahuddin, S. (2020). Enhanced ferroelectricity in ultrathin films grown directly on silicon. *Nature, 580*(7804), 478 – 482.

그림 2-5

Wong, J.C., & Salahuddin, S.S. (2019). Negative Capacitance Transistors. *Proceedings of the IEEE, 107*, 49-62.

그림 2-6

Salahuddin, S., & Datta, S. (2008). Use of negative capacitance to provide voltage amplification for low power nanoscale devices. *Nano letters, 8*(2), 405 – 410.

그림 2-7

Kwon, D., Cheema, S.S., Shanker, N., Chatterjee, K., Liao, Y., Tan, A.J., Hu, C.C., & Salahuddin, S.S. (2019). Negative Capacitance FET With 1.8-nm-Thick Zr-Doped HfO2 Oxide. *IEEE Electron Device Letters, 40*, 993-996.

〈3장〉

그림 3-1

www.intel.com

그림 3-4

www.intel.com

그림 3-6

Lee, D., Das, S., Doppa, J.R., Pande, P.P., & Chakrabarty, K. (2018). Performance and Thermal Tradeoffs for Energy-Efficient Monolithic 3D Network-on-Chip. *ACM Transactions on Design Automation of Electronic Systems (TODAES), 23*, 1 - 25.

〈4장〉

그림 4-1
SemiWiki

〈5장〉

그림 5-1
위: Ye, Z.A., Almeida, S.F., Rusch, M., Perlas, A., Zhang, W., Sikder, U., Jeon, J., Stojanović, V.M., & Liu, T. (2018). Demonstration of 50-mV Digital Integrated Circuits with Microelectromechanical Relays. *2018 IEEE International Electron Devices Meeting (IEDM)*, 4.1.1-4.1.4.

아래: Llinas, J. P., Fairbrother, A., Borin Barin, G., Shi, W., Lee, K., Wu, S., Yong Choi, B., Braganza, R., Lear, J., Kau, N., Choi, W., Chen, C., Pedramrazi, Z., Dumslaff, T., Narita, A., Feng, X., Müllen, K., Fischer, F., Zettl, A., Ruffieux, P., ⋯ Bokor, J. (2017). Short-channel field-effect transistors with 9-atom and 13-atom wide graphene nanoribbons. *Nature communications, 8*(1), 633.

그림 5-2

위: Zhang, X., Kwon, K., Henriksson, J., Luo, J., & Wu, M.C. (2020). A 20×20 Focal Plane Switch Array for Optical Beam Steering. *2020 Conference on Lasers and Electro-Optics (CLEO)*, 1-2.

아래: Zhao, Y., Wang, V., Lien, D.H., & Javey, A. (2020). A generic electroluminescent device for emission from infrared to ultraviolet wavelengths. *Nature Electronics*, 3(10), 612–621.

그림 5-3

위: Hettick, M., Li, H., Lien, D. H., Yeh, M., Yang, T. Y., Amani, M., Gupta, N., Chrzan, D. C., Chueh, Y. L., & Javey, A. (2020). Shape-controlled single-crystal growth of InP at low temperatures down to 220 °C. *Proceedings of the National Academy of Sciences of the United States of America, 117*(2), 902–906.

아래: Wu, X., Ahmed, M., Khan, Y., Payne, M. E., Zhu, J., Lu, C., Evans, J. W., & Arias, A. C. (2020). A potentiometric mechanotransduction mechanism for novel electronic skins. *Science advances, 6*(30), eaba1062.

그림 5-4

위: Jhuria, K., Hohlfeld, J., Pattabi, A., Martin, E., Córdova, A. Y. A., Shi, X., ⋯ Malinowski, G. (2020). Spin – orbit torque switching of a ferromagnet with picosecond electrical pulses. *Nature Electronics*, 3(11), 680 – 686. 아래: Hsu, C., Karel, J., Roschewsky, N., Cheema, S.S., Bouma, D.S., Sayed, S., Hellman, F., & Salahuddin, S.S. (2020). Spin-orbit torque generated by amorphous Fe x Si 1-x. *Bulletin of the American Physical Society*.

그림 5-5

Kim, T., Bhargava, P., Poulton, C.V., Notaros, J., Yaacobi, A., Timurdogan, E., Baiocco, C., Fahrenkopf, N.M., Kruger, S.A., Ngai, T., Timalsina, Y.P., Watts, M.R., & Stojanović, V.M. (2019). A Single-Chip Optical Phased Array in a Wafer-Scale Silicon Photonics/CMOS 3D-Integration Platform. *IEEE Journal of Solid-State Circuits, 54*, 3061-3074.

반도체의 미래
'무어의 법칙'를 넘어 무한의 가능성을 찾아서
© 최종현학술원 2021

처음 펴낸날
2021년 12월 31일
4쇄 펴낸날
2022년 7월 22일

기획 최종현학술원(Chey Institute for Advanced Studies)
저자 수재 킹류, 사이프 살라후딘, 최창환, 한재덕
감수 신창환
교정·교열 최종현학술원 과학혁신1팀(정민선, 김성원, 박유원),
　　　　　과학혁신2팀(이주섭, 김지수)

펴낸이 주일우
출판등록 제2005-000137호 (2005년 6월 27일)
주소 서울시 마포구 월드컵북로 1길 52 운복빌딩 3층
전화 02-3141-6126 | 팩스 02-6455-4207
전자우편 editor@eumbooks.com
홈페이지 www.eumbooks.com

ISBN 979-11-90944-56-4 93560

값 18,000원